中國古代
鹽運聚落
與建築
研究叢書

国家出版基金项目
NATIONAL PUBLICATION FOUNDATION

中国古代盐运聚落与建筑研究丛书

丛书主编 赵逵

两广盐运古道上的聚落与建筑

赵逵 匡杰 著

四川大学出版社
SICHUAN UNIVERSITY PRESS

图书在版编目（CIP）数据

两广盐运古道上的聚落与建筑 / 赵逵，匡杰著. 一成都：四川大学出版社，2023.7
（中国古代盐运聚落与建筑研究丛书 / 赵逵主编）
ISBN 978-7-5690-6256-4

Ⅰ. ①两… Ⅱ. ①赵… ②匡… Ⅲ. ①聚落环境一关系一古建筑一研究一广东、广西 Ⅳ. ① X21 ② TU-092.2

中国国家版本馆 CIP 数据核字（2023）第 140557 号

书　　名：两广盐运古道上的聚落与建筑
　　　　　Liang-Guang Yanyun Gudao Shang de Juluo yu Jianzhu
著　　者：赵　逵　匡　杰
丛 书 名：中国古代盐运聚落与建筑研究丛书
丛书主编：赵　逵

出 版 人：侯宏虹
总 策 划：张宏辉
丛书策划：杨岳峰
选题策划：杨岳峰
责任编辑：梁　明
责任校对：李　耕
装帧设计：墨创文化
责任印制：王　炜

出版发行：四川大学出版社有限责任公司
　　　　　地址：成都市一环路南一段 24 号（610065）
　　　　　电话：（028）85408311（发行部）、85400276（总编室）
　　　　　电子邮箱：scupress@vip.163.com
　　　　　网址：https://press.scu.edu.cn
审 图 号：GS（2023）4302 号
印前制作：成都墨之创文化传播有限公司
印刷装订：四川宏丰印务有限公司

成品尺寸：170 mm×240 mm
印　　张：10
字　　数：153 千字

版　　次：2023 年 9 月 第 1 版
印　　次：2023 年 9 月 第 1 次印刷
定　　价：70.00 元

本社图书如有印装质量问题，请联系发行部调换

扫码获取数字资源

四川大学出版社
微信公众号

　　"文化线路"是近些年文化遗产领域的一个热词，中国历史悠久，拥有丝绸之路、茶马古道、大运河等众多举世闻名的文化线路，古盐道也是其中重要一项。盐作为百味之首，具有极其重要的社会价值，在中华民族辉煌的历史进程中发挥过重要作用。在中国古代，盐业经济完全由政府控制，其税收占国家总体税收的十之五六，盐税收入是国家赈灾、水利建设、公共设施修建、军饷和官员俸禄等开支的重要来源，因此现存的盐业文化遗产也非常丰富且价值重大。

　　正因为盐业十分重要，中国历史上产生了众多的盐业文献，如汉代《盐铁论》、唐代《盐铁转运图》、宋代《盐策》、明代《盐政志》、《清盐法志》、近代《中国盐政史》等。与此同时，外国学者亦对中国盐业历史多有关注，如日本佐伯富著有《中国盐政史研究》、日野勉著有《清国盐政考》等。遗憾的是，既往的盐业研究主要集中在历史、经济、文化、地理等单学科领域，而从地理、经济等多学科视角对盐业聚落、建筑展开综合研究尚属空白。

华中科技大学赵逵教授带领研究团队多次深入各地调研，坚持走访盐业聚落，测绘盐业建筑，历时近二十年。他们详细记录了每个盐区、每条运盐线路的文化遗产现状，绘制了数百张聚落和建筑的精准测绘图纸。他们还运用多学科研究方法，对《清盐法志》所记载的清代九大盐区内盐运聚落与建筑的分布特征、形态类别、结构功能等进行了系统研究，深入挖掘古盐道所蕴含的丰富历史信息和文化价值。这其中，既有纵向的历时性研究，也有横向的对比研究，最终形成了这套"中国古代盐运聚落与建筑研究丛书"。

"中国古代盐运聚落与建筑研究丛书"全面反映了赵逵教授团队近二十年的实地调研成果，并在此基础上进行了理论探讨，开辟了中国盐业文化遗产研究的全新领域，具有很高的学术研究价值和突出的社会效益，对于古盐道沿线相关聚落和建筑文化遗产的保护也有重要的促进作用，值得期待。

（汪悦进：哈佛大学艺术史与建筑史系洛克菲勒亚洲艺术史专席终身教授）

2023 年 9 月 20 日

序二 / XU ER

人的生命体离不开盐，人类社会的演进也离不开盐的生产和供给，人类生活要摆脱盐产地的束缚就必须依赖持续稳定的盐运活动。

古代盐运道路作为一条条生命之路，既传播着文明与文化，又拓展着权力与税收的边界。中国古盐道自汉代起就被官方严格管控，详细记录，这些官方记录为后世留下了丰富的研究资料。我们团队主要以清代各盐区的盐业史料为依据，沿着古盐道走遍祖国的山山水水，访谈、拍照、记录无数考察资料，整理形成这套充满"盐味"的丛书。

古盐道延续数千年，与我国众多的文化线路都有交集，"茶马古道也叫盐茶古道""大运河既是漕运之河，也是盐运之河""丝绸之路上除了丝绸还有盐"，这样的叙述在我们考察古盐道时常能听到。从世界范围看，人类文明的诞生地必定与其附近的某些盐产地保持着持续的联系，或者本身就处在盐产地。某地区吃哪个地方产的盐，并不是由运输距离的远近决定的，而是由持续运输的便利程度决定的。这背后综合了山脉阻隔、河运断续、战争破坏等各方面因素，这便意味着，吃同一种盐的人有更频繁的交通往来、更多的交流机会与更强的文化认同。盐的运输跨越省界、国界、族界，食盐如同文化的显色剂，古代盐区的分界与地域文化的分界往往存在若明若暗的契合关系。因为文化的传播范围同样取决于交通的可达范围，盐的运输通道同时也是文化的传播通道，盐的运销边界也就成为文化的传播边界，从"盐"的视角出发，可以更加方便且直观地观察我国的地域文化分区。

另外，盐的生产和运输与许多城市的兴衰都有密切关系。如上海浦东，早期便是沿海的重要盐场。元代成书的《熬波图》就是以浦东下沙盐场为蓝本，书中绘制的盐场布局图应是浦东最早的历史地图，图中提到的大团、六灶、盐仓等与盐场相关的地名现在依然可寻。此外，天津、济南、扬州等城市都曾是各大盐区最重要的盐运中转地，盐曾是这些城市历史上最重要的商品之一，而像盐城、海盐、自贡这些城市，更是直接因盐而生的。这样的城市还有很多，本丛书都将一一提及。

盐的分布也带给我们一些有趣的地理启示。

海边滩涂是人类晒盐的主要区域，可明清盐场随着滩涂外扩也在持续外移。滩涂外扩是人类治理河流、修筑堤坝等原因造成的，这种外扩的速度非常惊人。如黄河改道不过一百多年，就在东营入海口推出了一座新的城市。我从小生活在东营胜利油田，四十年前那里还是一望无际的盐碱地，只有"磕头机"在默默抽着地底的石油。待到研究《山东盐法志》我才知道，我生活的地方在清代还是汪洋一片，早期的盐场在利津、广饶一带，距海边有上百里地，而东营胜利油田不过是黄河泥沙在海中推出的一座"天然钻井平台"，这个平台如今还在以每年四千多亩新土地的增速继续向海洋扩张。同样的地理变迁也发生在辽河、淮河、长江、西江（珠江）入海口，盐城、下沙盐场（上海浦东）、广州等产盐区如今都远离了海洋，而江河填海区也大多发现了油田，这是个有意思的现象，盐、油伴生的情况也同样发生在内陆盆地。

盐除了存在于海洋，亦存在于所有无法连通海洋的湖泊。中国已知有一千五百多个盐湖，绝大多数分布在西藏、新疆、青海、内蒙古等地人迹罕至的区域，胡焕庸线以东人类早期大规模活动地区的盐湖就只剩下山西运城盐湖一处，为什么会这样？因为所有河流如果流不进大海，就必定会流入盐湖，只有把盐湖连通，把水引入海洋，盐湖才会成为淡水湖（海洋可理解为更大的盐湖）。人类和大型哺乳动物都离不开盐，在人类早期活动区域原本也有很多盐湖，如古书记载四川盆地就有古蜀海，但如今汇入古蜀海的数百条河流都无一例外地汇入长江入海，古蜀海消失了；同样的情景也发生在两湖盆地，原本数百条河流汇入古云梦泽，而如今也都通过长江流入大海，古云梦泽便消失了；关中盆地（过去有盐泽）、南阳盆地等也有类似情况。这些盆地现今都发现蕴藏有丰富的盐业资源和石油资源，推测盆地早期是海洋环境（地质学称"海相盆地"），那么这些盆地的盐湖、盐泽哪里去了？地理学家倾向于认为是百万至千万年前的地质变化使其消失的，可为什么在人类活动区盐湖都通过长江、黄河、淮河等河流入海了，而非人类活动区的盐湖却保存了下来？实际上，在人类数千年的历史记载中，"疏通河流"一直都是国家大事，如对长江巫山、夔门和黄河三门峡，《水经注》《本蜀论》《尚书·禹贡》中都有大量人类在此导江入海的记载，而我们却将其归为了神话故事。从卫星地图看，这些峡口也是连续山脉被硬生生切断的地方，这些神话故事与地理事实如此巧合吗？如果知晓长江疏通前曾因堰塞而使水位抬升，就不难解释巫山、奉节、巴东一带的悬棺之谜、悬空栈道之谜了。有关这个问题，本丛书还会有所论述。

　　盐、油（石油）、气（天然气）大多在盆地底部或江河入海口共生，海盐、池盐的生产自古以日晒法为主，而内陆的井盐却是利用与盐共生的天然气（古称"地皮火"）熬制，卤井与火井的开采及组合利用，充分体现了我国古人高超的科技智慧，这或许也是中国最早的工业萌芽，是前工业时代的重要遗产，值得深度挖掘。

　　本丛书主要依据官方史料，结合实地调研，对照古今地图，首次对我国古代盐道进行大范围的梳理，对古盐道上的盐业聚落与盐业建筑进行集中展示与研究，在学科门类上，涉及历史学、民族学、人类学、生态学、规划学、建筑学以及遗产保护等众多领域；在时间跨度上，从汉代盐铁官营到清末民国盐业经济衰退，长达两千多年。开创性、大范围、跨学科、长时段等特点使得本丛书涉及面很广，由此我们在各书的内容安排上，重在研究盐业聚落与盐业建筑，而于盐史、盐法为略，其旨在为整体的研究提供相关知识背景。据《清史稿》《清盐法志》记载，清代全国分为十一大盐区：长芦、奉天（东三省）、山东、两淮、浙江、福建、广东、四川、云南、河东、陕甘。因东北在清代地位特殊，长期实行"盐不入课，场亦无纪"，而陕甘土盐较多，盐法不备，故这两大盐区由官府管理的盐运活动远不及其他九大盐区发达，我们的调研收获也很有限，所以本丛书即由长芦等九大盐区对应的九册图书构成。关于盐区还要说明的是，盐区是古代官方为方便盐务管理而人为划定的范围，同一盐区更似一种"盐业经济区"，十一大盐区之外的我国其他地区同样存在食盐的产运销活动，只是未被纳入官方管理体制，其"盐业经济区"还未成熟。

　　十八年前，我以"川盐古道"为研究对象完成博士论文而后出版，在学界首次揭开我国古盐道的神秘面纱，如今，我们将古盐道研究扩及全国，涉及九大盐区，首次将古人的生活史以盐的视角重新展示。食盐运销作为古代大规模且长时段的经济活动，对社会政治、经济、文化产生了深远的影响。古盐道研究是一个巨大的命题，我们的研究只是揭开了这个序幕，希望通过我们的努力，能够加深社会公众对于中国古代盐道丰富文化内涵的认知和对于盐运与文化交流传播关系的重视，促进古盐道上现存传统盐业聚落与建筑文化遗产的保护，从而推动我国线性文化遗产保护与研究事业的进步。

于哈佛

2023 年 8 月 22 日

QIAN
YAN

自古以来，两广盐区凭借着产盐量大、范围广、地理位置重要而在我国盐业史上有着特殊地位。两广地区盛产海盐，行销粤、桂全境及闽、赣、湘、黔、滇局部地区，合计七省范围，其在盐业经济影响下所发展出的独特的运输网络系统及相关聚落与建筑等，都具有广阔的探索研究空间。

前言

本书的特色主要体现在以下三个方面。

第一，揭示了广州在两广地区盐业经销中所具有的得天独厚的地理条件。两广地区处于海江交汇之地，自古以来即为商业通道的必经片区。明以前，粤港澳湾区南部还没有连成一片，中山、南沙、威远等还是海中岛屿，广州城亦是面临内海海湾的城市，并与澳门湾形成葫芦形的优良海湾。明中晚期，葡萄牙人占领澳门岛，并建立了从欧洲过马六甲至澳门成熟的海上航线，大批欧洲商船经澳门到广州从而进入中国内地。海禁时期，广东沿海成为海防重地，开中制后，海盐官控变为海盐军控，盐田由军人管控，许多军人亦为盐民，并以盐引换取军饷和军需物质。广州是明清海禁时期中国唯一的对外通商口岸，也是两广最重要的盐运集散地，至今广州城内还保留有盐运西街、仓边路等与盐运相关的地名。当时的广州不仅连接着外部海域，而且位于西江、北江、东江的三江汇合处，具备极佳的通航条件，这为两广盐业发展提供了便利的水运交通环境。

第二，揭示了两广地区独特的"盐物互易"贸易方式。自宋代起，粤东沿海地区的盐场产量丰富，但当地粮食却较为缺乏；赣南地区土地肥沃，盛产粮食；闽西地区处于武夷山脉西南麓，盐、粮都较为缺乏。在这样的背景下，粤东、闽西、赣南三地就形成了独特的"盐上米下"的盐粮贸易方式。另外，清代云南铜产量极高，而铜作为铸造钱币的特殊材料，多数州府都极为缺乏，于是在滇粤两省之间，"铜盐互易"也是较为常见的一种物资交换方式。这些贸易皆因盐而生，使两广地区形成了独特的贸易体系。

第三，对两广地区"一横三纵"盐运古道上的聚落与建筑做了初步的梳理比较。两广盐运古道总体呈现出"一横三纵"的形态。"一横"为东西向，包含了西江及东江沿线两部分；"三纵"为南北向，包含了南北流江、桂江、北江及韩江等。这样的运输网络贯通了整个两广区域，与盐运相关的聚落与建筑即点缀其上，并带上了独特的"盐味"，具有历史文化价值和学术研究价值。

本书能够出版，首先应该感谢赵逵工作室的全体成员，是大家的共同努力和研究积累，丰富和充实了本书内容。特别要感谢张钰老师，她在团队实地调研过程中给予了全方位的后勤支持，在书稿策划、出版协调过程中付出了大量的精力和心血。对于艺璇同学在后期书稿修订和赵雨欣同学在地图整理与信息标示方面付出的努力，在此也一并致谢。

目
录

MU
LU

第一章

两广盐业概述

本书所探讨的清代两广盐区，据清道光《两广盐法志》记载，包括广东广西全境，福建汀州府（今龙岩市），江西南安府、赣州府及宁都府（今赣州市），湖南桂阳州及郴州府（今郴州市），贵州黎平府（今黔东南苗族侗族自治州）以及云南广南府和开化府（今文山壮族苗族自治州）（图1-1）。

图1-1　清代全国九大盐区范围及两广盐区主要区域与重要盐场位置示意图①

---

① 各盐区的范围在不同时期不断有调整，本图是综合清代各盐区盐法志的记载信息绘制的大致示意图。具体研究时，应根据当时的文献记载和实践情况来确定实际范围。

两广盐区概况

两广盐区产盐历史悠久，西汉时便设有盐官管理盐业生产及盐税。盐区内海岸线绵长，海盐资源异常丰富，历代所产海盐运销粤、桂、闽、赣、湘、贵、滇七省。海盐运销依靠特定的行盐路线，由盐商将盐从产地送到转运地再送到销售地，在自然地理条件、社会政治以及经济等多方面因素的综合影响下，海盐运输路线也在长期实践过程中不断优化，逐渐形成一套系统且相对稳定的水陆盐运体系。

一、两广盐区的自然地理条件

（一）山形水貌

山形水貌影响了海盐的生产，决定了海盐运输的先决条件。两广盐区覆盖了岭南及其部分边缘地带，整体来看，盐区背负五岭，东、南两面临海，拥有绵长的海岸线。其中广东区域东、西、北部多山，西南端多台地，南端为珠江口平原、潮汕平原等冲积平原，整体上自北向南呈现出由高至低的走向；广西地处云贵高原东南边缘，外围多山地，西端及中部为百色盆地、桂中盆地，中部偏南端为面积不大的郁江平原、浔江平原。

漕运是我国古代物资运输的主要方式之一，而两广盐区内密布的河道为盐运活动提供了便利条件。两广盐区内的运输河道主要包括珠江水系、韩江水系、钦江及南北流江。珠江水系

主要包括东江、北江以及西江,它们不仅覆盖了广东全境,其
中的西江更是贯穿了整个广西,为两广盐的外运提供了非常便
捷的水路网络,南北流江则将合浦沿海一带与西江水路连通,
为海北盐打开了一条重要的水运通道。

(二)海盐资源

两广盐区东、南两面临海,不仅拥有绵长的海岸线,还有
众多河流入海口,譬如珠江口、韩江口、钦江及南流江入海口
等,这些入海口处海岸蜿蜒曲折,多冲积平原,地势比较平坦,
十分适合生产海盐,加之有河道运输之便,历来就分布着众多
盐场。

二、两广盐业的生产

(一)盐场

明清时期,钦州、合浦一带在行政划分上均属于广东境,
故《中国盐政史》记载两广海盐"若论产地则尽在广东境内,
广西无有焉"[1]。明清时期的两广盐业体系基本成熟,盐场逐
渐趋于稳定,赵尔巽《清史稿·食货志四·盐法》载:"广东
二十七场,行销广东、广西、福建、江西、湖南、云南、贵州
七省。"这二十七场分布于沿海一线,分别为:矬峒、海晏、
靖康、归德、东莞、香山、丹兜、东平、双恩、淡水、碧甲、
六洲(疑为大洲之误)、石桥、坎白、海甲、小靖、招收、隆
井、东界、河西、海山、小江、惠来、博茂、茂晖、白石、电茂。
后虽时有裁并增减,数量常有变化,但总体变动幅度并不大。

---

① 曾仰丰:《中国盐政史》,上海:商务印书馆,1936年,第64页。

如矬峒场与海晏场同属台山县（现属江门），地界相近，雍正七年（1729 年）并为海矬场，嘉庆二十年（1815 年），改海矬场为上川司；乾隆二十七年（1762 年），东平场并入双恩场，五十五年（1790 年），裁东莞、香山、丹兜等场，光绪三十三年（1907 年），裁小江场并入隆井；等等。

（二）海盐生产方式

清代，两广海盐生产方式有煎盐法（又称煮盐法，图 1-2）、晒盐法（图 1-3）两种，以晒盐法为主。据清道光《两广盐法志》记载，沿海各盐场中，双恩场、电茂场、博茂场、茂晖场四场起初为煎盐法，后因材薪昂贵而在清乾隆年间由煎改晒。

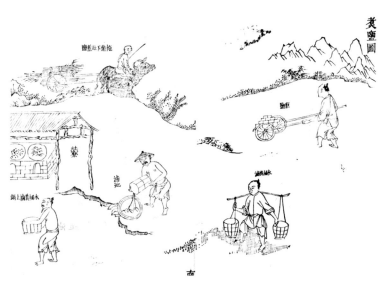

图 1-2 清道光《两广盐法志》中的煮盐图

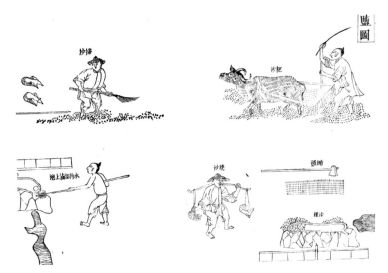

图1-3　清道光《两广盐法志》中的晒盐图

晒盐法需要大片盐田，利用盐田纳潮蒸发制卤，适合较为平坦、近海的地区。煎盐法则利用灶寮中的灶台及铁锅，用材薪加热制盐，一般近海区域均可，对地形没有特殊要求。

三、两广盐业的特点

从历史的角度来看，虽然粤盐生产历史悠久，从西汉时便设有管理盐业生产的盐官及盐税，但两广盐法的形成要远远晚于其他盐区。两广盐区这一称谓大约在明朝设两广总督兼管盐业之后才出现，此后两广盐区的划分渐渐规范，直至清朝大致定型。清之前，两广盐区主要实行官运官销，迨至清初，朝廷在广东设两广运司，后续才有系列措施规范两广盐业的生产与运销，直到康熙二十七年（1688年），针对两广盐商的"专商引岸"制度最终确立。因此两广盐区的产盐历史与盐法历史是不同步的，从两广盐业制度发展速度与完善程度来看，其是远远不及两淮盐区等其他盐区的。

得益于优越的自然地理条件与丰富的海盐资源，两广地区很早就出现了产盐活动。据考古学家检测，珠海东澳湾遗址的制盐遗迹年代距今 3750 年（±5%），约相当于中原地区的夏商之际。但从前文的粤盐生产方式可知，粤盐生产需要花费的人力物力成本较大，因此粤盐生产一向是选择近海之地就地取材，逐渐自发形成聚落，加之两广地区距离中国封建社会时期的政治经济中心中原地区较远，所以早期粤盐的产销发展比较缓慢。至宋代，全国经济重心南移，南方地区的开发进程加快，两广盐区也开始实行"设场之制"，此后粤盐盐场进入平稳发展阶段，北宋有盐场 17 所，元有盐场 13 所，明有盐场 23 所，清有盐场 27 所，总体呈平稳发展趋势，未有较大变化。

在此大背景下，两广盐法不仅起步较晚，发展过程也是一波三折，历代政府为更好地控制盐业而实行诸多改革举措，这些措施深刻影响着两广盐业产运销的各个环节。仅以清代为例，康熙年间两广盐区确立专商引岸制，乾隆时期又推行"改埠归纲"，以增加国家财政收入，因改埠归纲并未对财政收入有较大改善，反而导致弊端丛生。到嘉庆年间则实行"改纲归所"，但此举依然是治标不治本，反而进一步加剧了两广地区的官商矛盾。也正因此，在这片拥有丰富盐业资源的土地上，两广最终探索出了极具自身特色的盐业发展模式。

两广盐业管理

一、两广食盐运销

（一）两广食盐运销范围

明清时期，官府控制海盐产运销各环节，同时也划定了各产地的行销区域，以防止私盐及其他盐区食盐越境销售。清代两广海盐行销七省，分别是粤、桂、闽、赣、湘、贵、滇，覆盖了当时广东、广西行政区域全境，还销售至福建汀州府，江西南安府、赣州府及宁都府，湖南桂阳州及郴州府，贵州黎平府以及云南广南府和开化府。其中较为特殊的是与云南的"铜盐互易"贸易，其将两广海盐运至百色后，由云南州府派专人运回后配销，故两广海盐行销于云南境内的部分未划入两广盐区，这是两广盐区的一大特点。

（二）两广食盐运销管理

两广海盐生产集中于沿海一线，海盐产地即盐运线路的起点。两广海盐主要依靠珠江水系及韩江水系等水路网络向内陆运至各埠地。政府管控海盐的产运销环节以保证盐课收入，防止私盐，并将广州和潮州作为两广海盐运输中心。一般来讲，各盐场所产海盐俱就近先集中于广州或潮州，后按埠配运，部分盐场略有不同。配运分为四种方式：由广州"东关掣配、西关验放"^①至埠地称为"省配"；粤东地区赴潮州广济桥掣配、验放，再至埠地称为"桥配"；沿海临近盐场各埠如惠州府、肇庆府、高州府内盐场的埠地，直接由盐场配盐称为"场配"；廉州府盐场配运于盐运区域（见本书第二章第一节介绍），称为"柜配"，大抵类似于"场配"。

二、两广盐法制度

如前所述，两广产盐史非常悠久，但盐法制度的形成较晚，至清代仍在不断修改完善中。清代盐课在政府课税收入中占比很大，两广盐区处在祖国的南部，食盐行销七省，盐区范围辽阔，清政府除延续明代做法，置广东及海北二盐课提举司管理盐务外，还推行了一系列新的盐法制度以保证两广盐区的课税收入（表1-1）。

表1-1 清代两广盐区盐法制度概览	
盐法制度	实行时间
专商引岸制	约康熙至乾隆年间
改埠归纲	约乾隆至嘉庆年间
改纲归所	约嘉庆至同治年间
包商制	约道光年间始

明代食盐实行的是专商引岸制，引即盐引，是运销食盐的许可证；岸即引地，为规定的销盐区域；盐商分为场商（负责盐的生产）和运商（负责盐的运销）。盐商向政府输纳巨额的盐课以换取户部颁发的盐引。这实质上是一种官督商销体制。官府作为监督人，将食盐专卖权下放给指定的资本雄厚、享有

---

① （清）阮元修，（清）伍长华纂：道光《两广盐法志》卷十五《转运二》。

信誉的大商人。清代盐政承袭明末旧制并稍加损益，其内容为：签商认引，划界运销，按引征课。明清专商引岸制度的特点可归纳为：产有定场，运有定商，销有定区。官府对食盐产销每一环节的规定都非常严格。

康熙五十七年（1718年），裁撤场商，由官发帑，委员收购，官府控制食盐专卖权。两广实行官运官销，将盐运至广州东关（又称东汇关）、潮州广济桥，以待售于埠商，销往各地；没有埠商之处，则官收官卖。但至乾隆末年，专卖亏欠，停止发帑，两广盐业实行了一次影响比较大的改革，道光《两广盐法志》记载如下：

> 广东省河（珠江广州段——引者注）各盐埠并为一局，公举老成谙练者十人定为局商，总司其事，出本殷商一体襄办，统以省城河南金家二仓为公局，此外，分设子柜六处，西江在于梧州，北江在于韶州，中江在于三水，东江在于小淡水厂，廉州府在于平塘江口，高州府在于梅菉镇，每处由局商慎选妥人分布经理场盐，统责局商慎贮公局，由运司督同局商核照定额、参以地方销售难易，运配各柜，报明总督衙门掣验开江，所有原设埠地一律招募运商，听其各照地段分赴公局及各柜领盐运销，每年所获盐利尽数汇归公局，为完课运盐之用，获有余利即按原出资本之家均匀分给，仍令各柜将卖获之银每一月一解公局，由公局截出，应完款项每一季一解运库，年终照例奏销，如有丝毫短欠，惟局商是问。①

此新法把广东省河各埠并为一局（纲局），由商人投资，推荐老成谙练的十个商人作为局商总司其事，以广州河南金家

---

① （清）阮元修，（清）伍长华纂：道光《两广盐法志》卷二《律令·改埠归纲》。

二仓为公局，分设下属六柜（六个行销盐区）。公局由运司督同局商参照地方销售难易，核定定额配运各柜，每年所获盐利尽数汇归公局，在扣除了课税和运费等成本之后，所有利润即按原来出资的各家分配。此即为"改埠归纲"。

改埠归纲是受到官府发帑收盐积弊的影响而因地制宜地对两广盐区内部进行的一次系统改革，从而形成了一套"公局—子柜—埠地"的层级盐运系统，对后来影响较大。改埠归纲规范了两广盐业，对两广盐业的发展有些许积极作用，但食盐运销的具体操作过程、经营方式、性质都未发生太大的变化，课征虽略有起色，却未根本改观，盐务弊端若旧。

改埠归纲法自乾隆五十五年（1790 年）开始执行，实行二十多年后，因"总局不领埠务，无销售之地；商人办事不得力，而下属场员，更有贪赃枉法者"等原因，亏欠白银十余万两之多，从而导致了嘉庆十七年（1812 年）"改纲归所"的改革。

改纲归所的举措为：裁除总商，在埠商中选老练者六人以经理六柜事务，三年一换；将纲局改为公所，由每柜配运缴课，责成盐商完成，官不与闻。改纲归所实际上是对改埠归纲的进一步完善和修正，在这一过程中，盐商的自主权更为扩大，官方对于食盐的监督逐渐减弱，盐引制度实际上已经名存实亡。至道光年间，盐商黄荣贵组织起"十三商"，推行了商人合股的包商制度，该制度自此逐渐在广东全面推行。

三、两广盛行的私盐贩卖

盐法盐政制约着私盐贩卖，然而两广盐区的私盐贩卖现象依然屡禁不止，甚至还出现了有组织有规模走私的情况，这是两广盐区的一大特点。其原因，一方面是两广地区海岸线长，产盐区域临海面长且分散，盐场靠海分布得多且杂，难以进行全面的监管；另一方面，淮盐与滇盐难以满足淮盐区的江西与云南的食盐需求，而与之相毗邻的两广盐区所产食盐便在这两地有了较广的消费市场，从而刺激了贩卖两广私盐活动的产生。

私盐贩卖一般有两种途径，一是由盐贩从盐场直接运输至销售地，二是将私盐混于官盐之中运出。绝大部分两广之盐由盐埠生产后需先集中于省城广州东汇关或潮州府广济桥两处，后续若从省河运出则必经虎门，虎门和潮州广济桥两处关口虽有重兵把守，但盐贩常以重金贿赂检查的官兵。只需经过这两个关口，私盐商贩即可利用东至惠州、潮州二府，西至高州、雷州、廉州三府长达千余里的近海交通条件将私盐运输到食盐短缺的地方。

两广地区的私盐贩卖有两次高潮，分别在康熙年间与咸丰、同治年间。

康熙五十六年（1717 年），两广地区盐业政策发生变化，改由官府将帑本支借给盐商收盐，但后续因帑本数额不足，资金无法流转，导致供给远超需求，遂使私收盐产的现象渐渐多了起来，造成官买三成、私售七成的局面，此为私盐贩卖的第一次高潮。后来，从雍正朝到乾隆朝前半期，官府一边不断拨款增加帑本，一边严抓严惩私贩，使得私盐销售受到了一定的阻碍，其才渐渐敛迹。

转而到嘉庆朝伊始，有川楚白莲教起义，朝廷需增加军费平息叛乱，便压缩了帑本数，各地盐商还要向朝廷上缴捐款。两广盐商本就不及其他盐区盐商财力雄厚，一番捐输下来，两广盐商自身周转资本与官引之盐都受到了不小的影响。后又受太平天国运动的影响，私盐贩卖愈演愈烈，官盐销售不力与清政府无力管辖私贩，促成了两广私盐贩卖在咸丰、同治年间形成第二次高潮。

清代两广盐区特有的盐业贸易

一、"盐上米下"的贸易格局

两广盐区东部是粤、闽、赣三省的交界地带，行政上分属三省，主要包含广东潮州府、嘉应州及惠州府，福建汀州府以及江西赣州、宁都府等，自古以来这些地区之间的联系便十分频繁。自宋代起，粤东沿海区域就分布有小江场、招收场、隆井场及海山隆澳场等盐场，盐业十分发达，但粮食作物较为缺乏；而据清同治《赣州府志》记载，赣南一区"田地山场坐落开旷，禾稻竹木生殖颇蕃"①，土地肥沃，盛产粮食；闽西地区则处于武夷山脉西南麓，盐粮都较为缺乏。在这样一个大背景下，粤东、闽西、赣南三地的盐粮贸易便建立了起来，由于赣南、闽西偏北，粤东偏南，民间留下了"盐上米下"的俗语。

潮盐（两广盐区内潮州沿海各场产盐，因由潮州广济桥发配故称潮盐）从广济桥掣验过关，上溯韩江到达三河镇后，运输路线主要分为三条：一条沿汀江运输，可将潮盐运至闽省汀州府永定埠；一条由梅江向西运输，过松口镇继续向西，可将潮盐运至嘉应埠、兴宁埠及长乐埠等；一条经石窟河北运可至汀州府武平埠及上杭埠等地，并由此接入汀江，再将潮盐运销至汀江府长汀埠、连城埠、宁化埠、清流埠及归化埠等埠地，而由汀江府至赣南则是由平远过筠门岭抵达会昌埠、瑞金埠、

① （清）魏稼、（清）钟音鸿：同治《赣州府志·风俗》。

于都埠、兴国埠、宁都埠及石城埠等埠地（图1-4）。

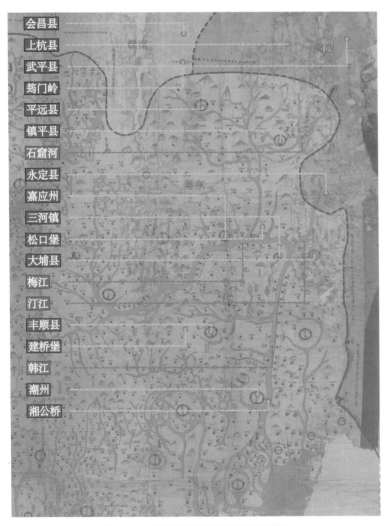

图1-4 粤闽赣交界盐粮流通路线图

粤东、赣南及闽西三地的盐粮流通，带动了许多聚落的发展，譬如位于韩江、梅江及汀江三江交汇处的梅州三河镇和由潮州进入嘉应州的门户松口镇等。再如兴宁埠，潮盐运销于兴宁埠后，离赣南极近，价格低廉，来兴宁担盐的人络绎不绝，使兴宁也成为一个兴盛的潮盐转运点,今宁江边盐铺街即当年潮盐盐仓地,明洪武时曾于兴宁水口镇设巡检司,水口镇也是兴宁潮盐的重要集散码头。福建武平下坝是潮盐和赣粮的中转站,众多盐馆、米馆分布于此,频繁的盐粮贸易让下坝兴盛一时。

二、"铜盐互易"的贸易格局

清代之前,滇粤两省已有独立进行的铜盐贸易,至清乾隆十九年(1754年),广东巡抚鹤年奏言,称广东岁需滇铜十万斤,滇省亦岁需粤盐一百六十六万斤,道途险远,转运稽迟,请准铜盐互易,岁于滇、粤间广西之百色、云南之剥隘地方交割……滇粤两省在物资上具有互补性,因此两省官方采取铜盐互易的方式弥补本省所缺物资。清代云南铜产量极高,而铜作为铸造钱币的特殊材料,多数州府极为缺乏,京师、两广、川贵及江浙等地州府尽皆由云南购铜,同时滇省向食井盐,产不敷销,加之广南、开化二府去产场较远,却与桂西百色相接,遂改运销粤盐,由此便促成了跨区域的铜盐互易贸易。

粤盐事关滇省民食,滇铜事关广东鼓铸,二者均关系民生国计,因此清政府对"铜盐互易"相关事宜有着明确的规定。赵尔巽《清史稿·食货志四·盐法》载:"粤省鼓铸,岁资滇铜十余万斤,滇省广南府属岁资粤盐九万余包,每年两省委员办运,至百色交换,谓之'铜盐互易'。"由此可知,云南剥隘、广西百色乃是"铜盐互易"的中转地。之所以选择剥隘、百色作为中转站,鹤年在其奏折中说得很明确:"虽百色、剥隘瘴乡夏秋难行,但系滇粤适中之地。若今年广东于秋间运盐启程,约冬间可抵百色,明年春初运铜启程,暮春亦可运出百色,以清十九年之款,云南于秋间运铜启程,初冬可抵剥隘,岁底运

盐启程，明春亦可运至百色，以清二十年之款，于瘴乡均未有
碍。"①可见粤盐、滇铜均是由州府直接派人运输的。粤盐的
具体运输路线是由白石场发配，经鱼洪江到陆屋镇，转陆运至
沙坪镇入河至平塘江口，即可接入郁江上溯至百色交货，由滇
省广南府从百色运回，而粤省则再派人前往剥隘运回滇铜，完
成铜盐互易。这条通道不仅可将滇铜运销至两广，还可运至湖
南、湖北以及福建等省份（图1-5）。

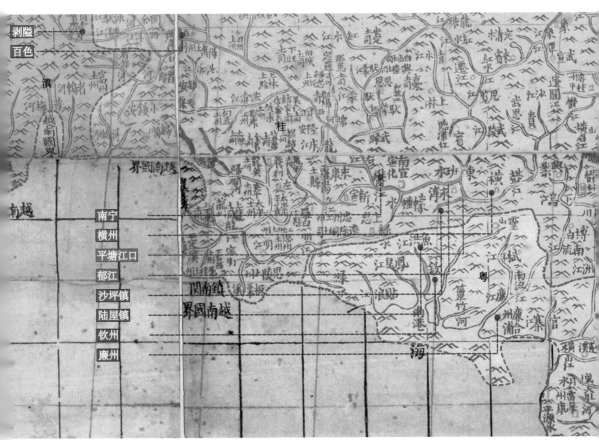

图1-5 滇粤铜盐互易线路图

① 丁琼：《清代滇粤"铜盐互易"有关问题探析》，曾凡英：《盐文
化研究论丛》（第六辑），四川人民出版社，2013年，第10页。

第四节

两广盐商及其活动

一、两广盐商

清代两广盐商的充任经历了四个阶段的变化：王商阶段、排商阶段、流商阶段、专商引岸阶段（表1-2）。

<table>
<tr><th colspan="2">表1-2　清代两广盐商充任情况</th></tr>
<tr><th>两广盐商发展阶段</th><th>简介</th></tr>
<tr><td>王商阶段</td><td>清初至康熙元年（1662年）。藩王尚可喜控制广东，其部下充当盐商，霸占盐埠牟取暴利。此时广东未有经清廷认可的盐商，王商几乎就是私商。盐务混乱，盐价昂贵</td></tr>
<tr><td>排商阶段</td><td>康熙元年至二十七年（1688年）。从里排中签点盐商，每次承办一年，轮流充当</td></tr>
<tr><td>流商阶段</td><td>康熙二十七年到四十六年（1707年）实施。实施充任盐商的条件是身家殷富，不论里排，不限年岁，故称流商。规定大埠招商两名，小埠招商一名</td></tr>
<tr><td>专商引岸阶段</td><td>康熙四十六年后。有引岸、专门从事盐业的商人</td></tr>
</table>

康熙四十六年（1707年）后，专商引岸制确立，官府裁撤"场商"，后实行官发帑本，由盐运司从各盐场收盐运至省河或者潮州广济桥，埠商再从这两地转运至埠地售卖。此后，两广盐商作为一种专业群体才逐渐固定下来。

二、两广盐商的组成及活动范围

两广盐商除有本地商人外，还有来自湖南、江西、福建及
江浙一带的商人，粤东区域与闽西、赣南因有盐粮贸易，交流
更为密切，有较多潮州、福建及江西商人活跃在粤东一线。广
西境内的盐商多来自广东，有"无东不成市，无市不趋东"的
说法。又有《梧州府志》记载："客民闽、楚、江、浙俱有，
惟东省接壤尤众，专事生息，什一而出，什九而归，中人之家
数十金之产无不立折而尽……盐商、木客列肆当垆，多新、顺、
南海人。"①东省即指广东，具体而言，广西盐商多为广州珠
江口一带新会、顺德及南海人氏。广东商人在广西多集中于西
江沿线地区，以借助西江水运之便，梧州又为两广盐区西柜所
在，所以梧州聚集了大批来自广东的盐商；除了粤商之外，桂
北一带还多江西、湖广商人，因有湘江—灵渠—漓江的水运航
道，可将两广海盐运销至江西和湖广；桂西南则多云贵商人，
集中于以南宁为中心的地区。总的来讲，两广盐商的组成以广
东商人为主，尤其是珠江口新会、顺德及南海一带，而粤东地
区多潮州、江西及福建商人，同时有湖广、江浙、云贵商人充
斥两广盐区的其他局部地区。

三、两广盐商的特点与成因

两广盐商的形成较全国其他盐区的盐商晚，发展程度低，
实力弱，所以其对两广盐运古道沿线地区的影响也较弱一些。
不论从哪一方面来看，两广盐商都无法与两淮盐商或长芦盐商

---

① （明）谢君惠修，（明）黄尚贤纂：崇祯《梧州府志》卷二《舆地志·风
俗》。

相提并论，这可归因于政治、经济等社会因素与地理环境等自然因素。

正如前文所言，清代两广盐商经历了四个阶段的波折发展，直至康熙末年才成为拥有引岸、专门从事盐业的特定商人群体。在此之前，特别是在排商与流商阶段，盐商常被官府盘剥，身份也不固定，在两淮与长芦盐商成熟之时，两广盐商才刚刚独立成为真正意义上的盐商。淮盐利厚，且两淮盐商获有多处行盐垄断权，这是两广盐商不可比拟的。

纷杂的水陆交通环境，一方面给予了私盐绝佳的藏匿之地，另一方面也造成了两广海盐艰难的运输环境。两广盐区的引地多为山区丘陵，五岭更是将广东与赣、黔、湘等省隔绝，从而导致陆路运输效率低下。盐区内虽水系发达密集，但除去海运，内陆河流并非处处通畅。由潮州等处运出的盐大多要行数百千米的路程才可到达目的地，过长的路途会导致极少有一条通畅的河流可以贯穿全程，中途需要多次装船换船，若是遇到两河不相接，还需要转陆运挑运过去，层层中转使得长距离输送要四五个月之久才可运到。运输花费的成本居高不下，因而两广盐商的利润较薄。

第二章

两广盐运分区与盐运古道

两广盐运分区

前文讲到两广盐法制度改革"改埠归纲"，在这一制度下，两广盐区被大致划分为七个区域，这一分区与"一横三纵"的盐业运输格局相适应，是在对山形地貌、水陆交通等各种因素综合考量后作出的一种较合理的划分。

两广盐区内部的七个区域具体如下（图2-1）：平柜盐运区域运销白石盐场海盐，包括郁林州（今玉林市）、廉州府、南宁府和太平府；南柜盐运区域包括高州府及雷州府，基本都是场配自销；珠江口一带则为中柜盐运区域，由省配，包括广州府、肇庆府及罗定州；西江沿线为西柜盐运区域，由省配，包括梧州府、平乐府、浔州府、桂林府、柳州府、黎平府、庆远府、思恩府、镇安府及泗城府；北江沿线为北柜盐运区域，由省配，包括韶州府、连州、南雄州、南安府、郴州及桂阳州；东江沿线为东柜盐运区域，由省配，包括惠州府及赣州府；粤东潮州地区不在改埠归纲政策范围内，依旧实行"桥配"，包括潮州府、嘉应州、汀州府及宁都府等。由此，两广盐区内部形成了较为稳定的运销格局。

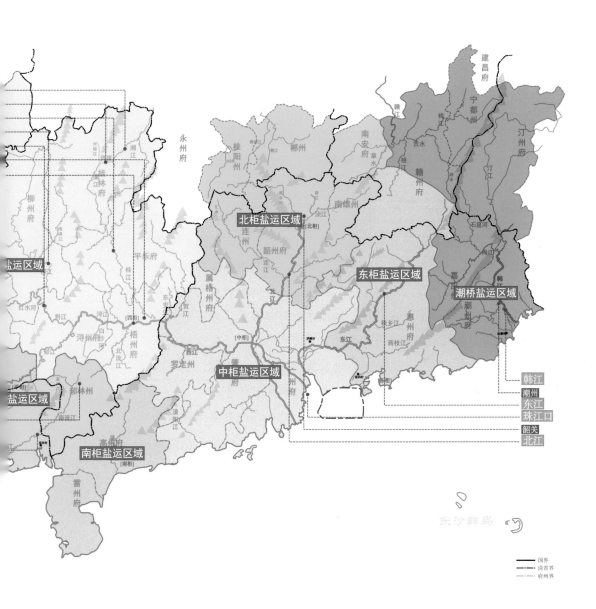

注：据清道光《两广盐法志》相关资料标注。

图 2-1 清代两广行盐区域及盐运分区与河道关系图

第二节
两广盐运古道线路

一、清代两广海盐的运输概况

（一）漕运与海运

自古漕运是粮盐等大宗物资运输的主要方式，在交通不太发达的封建社会，依靠河道运输一来便捷，二来稳定，而且我国内陆历来拥有许多河道，交错密布，在水运不便的地区也会优先开凿人工运河，譬如秦代在漓江、湘江之间开凿灵渠，以联系长江与珠江两大水系。海运在历史上的发展较为滞后，受航海技术及造船技术所限，多为海外贸易发展起来之后的交通方式。据清道光《两广盐法志》记载，两广盐运方式二者兼而有之。

两广盐区内盐场多分布于海岸一线，部分场配盐采用海运的方式，譬如新宁、阳春、阳江等埠地。盐区内省配、桥配盐则以漕运方式为主。两广盐区河道众多，珠江水系贯通了盐区内大部分区域：东江由珠江口连通至粤东边陲，北江贯通粤北，西江延伸至广西西端，韩江则覆盖着粤东地带，桂南有南流江及钦江延伸至腹地。

（二）陆　运

两广盐区内河流众多，以珠江水系和韩江水系为主，两广海盐也经由这些河流组成运输网络运至各地，但在局部地区，由于河流中断或者受山形地貌所限，水运不达，需要依靠人力陆运来辅助，在这些水陆转运点及山关隘口，便会形成一个个盐运聚落以及一段段盐运古道，长此以往，往来于此的商人给这些聚落及古道带来了生机，两广海盐也经由古道源源不断地运至各地。

这些盐运古道主要分布于两广盐区北端，当地受五岭阻隔，山川险峻，水路不通，而淮盐盐场距此路途遥远，若运输至此则会导致盐价昂贵，故不得不行销两广盐。长期的行路经验让古人开辟出许多相对便捷的通道，往来于此的物资运输让这些通道得以不断发展，如梅关古道、乌迳古道、西京古道及湘桂走廊等，这些古通道跨越了五岭山脉的阻隔，连通了珠江水系与长江水系，使岭南文化与中原文化相互沟通交融，对古代中国岭南与中原两地区之间的政治、经济、文化交流起到了至关重要的作用。

二、清代两广海盐的运输路线

据清道光《两广盐法志》载，清代两广盐区内共一百八十八埠，各埠地海盐运输线路如图2-2所示。两广海盐除了与云南之铜互易外，其余均按埠按引销售，主要运输路线比较固定。改埠归纲后将两广盐区划分为七个运输区域，这七个运输区域与两广盐区的水系分布也基本吻合（参见图2-1）。中柜盐运区域是西江、北江及东江三江汇聚的珠江口区域，两广盐运省配的中心；潮桥（即潮州广济桥）盐运区域是粤东地区海盐桥配的中心，韩江贯通整个区域；东江贯通东柜盐运区域；北江贯通北柜盐运区域；西江几乎覆盖了广西全境，西柜盐运区域即以之为主要运输通道；南流江及钦江则作为平柜盐运区域的主要河流；南柜盐运区域水运不便，且除高州府的海盐外，基本自销不外运。

注：据清道光《两广盐法志》相关资料标注。

图2-2 两广盐运路线总图

综合来看,两广盐水运线路呈现"一横三纵"格局(图2-3)。"一横"为东西向,包含了西江及东江两部分:一部分由广州向西达梧州,以梧州为中心,之后再分两路分别达浔州、南宁,即西江沿线部分;一部分由广州向东达河源、封川,以广州为中心,即东江沿线部分。"三纵"为南北向,包含了南北流江、桂江、北江及韩江等,由西至东分别是:以梧州为中心的廉州—玉林—北流—梧州—桂林线(依托南北流江、桂江)、以广州为中心的广州—韶关—南雄线(依托北江)、以潮州为中心的潮州—镇平线(依托韩江)。

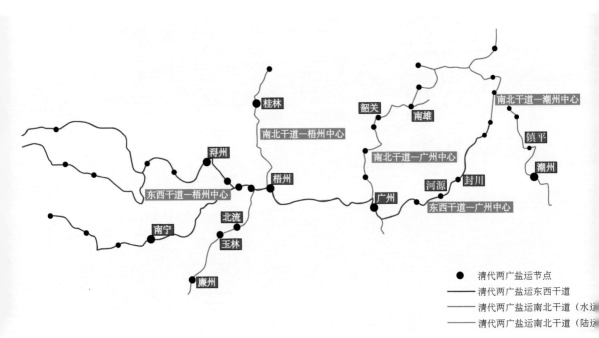

图2-3 两广盐水运"一横三纵"格局示意图

（一）两广海盐的漕运路线

1. 韩江盐运路线

韩江盐运路线主要辐射粤东区域，其中潮州是粤东桥配盐运的中心。粤东沿海小江场、招收场等所产海盐先运归潮州盐仓，以潮州广济桥为中心配运（图2-4），一般由沿海盐场用大型海船至广济桥，此段称作桥下段，再由广济桥用普通盐船沿韩江上溯，此段称为桥上段，潮州城内设有运同署掌管潮桥盐务，桥头设有税馆抽取盐税。

在整个两广盐区中，由于特殊的地理位置和水文条件，韩江盐运自成系统，与省河盐运独立开来。潮盐运销区域包括粤东地区的潮州府及嘉应州、闽西汀州府及赣南宁都府、赣州府等地。粤东盐运以潮州广济桥为中心，沿韩江向外辐射，主要

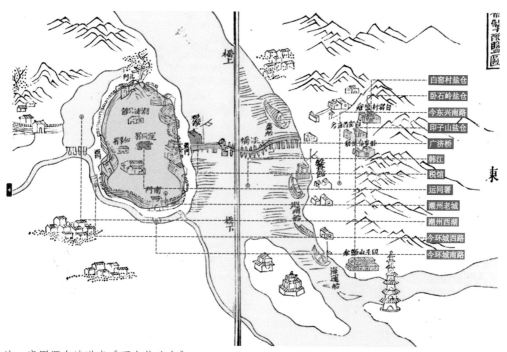

注：底图源自清道光《两广盐法志》。

图 2-4　潮州广济桥制配盐图

盐场包括招收、河西、隆井、东界、海山、惠来及小江等七个盐场，主要转运点有三河、松口、梅州等地。主要盐运河流包括韩江、梅江、汀江及石窟河。

海盐上溯韩江到达三河镇后，可大致分为三条路径：一条向西通过梅江，可将两广盐运至梅州、镇平、嘉应、兴宁、长乐等地；一条仍旧走韩江北上可将两广盐运至福建永定、上杭、武平等埠；一条通过石窟河可将两广盐运至福建上杭、武平、连城、长汀及江西会昌、瑞金、于都、宁都、石城等埠（图2-5）。

注：据清道光《两广盐法志》相关资料标注。

图2-5 两广海盐韩江运输路线图

2. 东江盐运路线

珠江水系盐运以广州为中心，沿海各盐场将所产之盐集中运至广州东汇关，作为珠江口盐运起点，进而分别由东、北、西江转运至各处埠地（图2-6）。

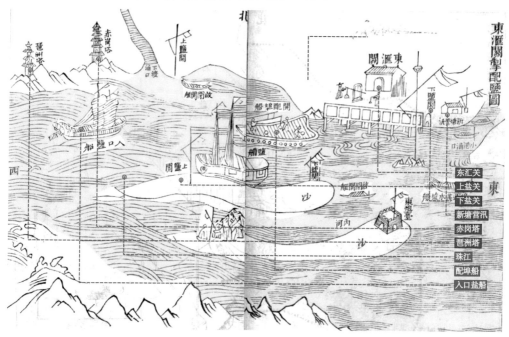

注：底图源自清光绪《两广盐法志》。

图2-6 东汇关掣配盐图

东江河道贯通了珠江口一带与粤东之间的区域，主要转运点包括河源、龙川等地。海盐溯东江上运，可运销至河源埠、永安埠、长宁埠、和平埠等埠；到达东江北段后可由此过境，远销至江西南部安远、信丰等埠（图2-7）。

3. 北江盐运路线

海盐在经东汇关掣配、西关验放后，由北江运输，有三条路线（图2-8）。

注：据清光绪《两广盐法志》相关资料标注。

图 2-7 两广海盐东江运输路线图

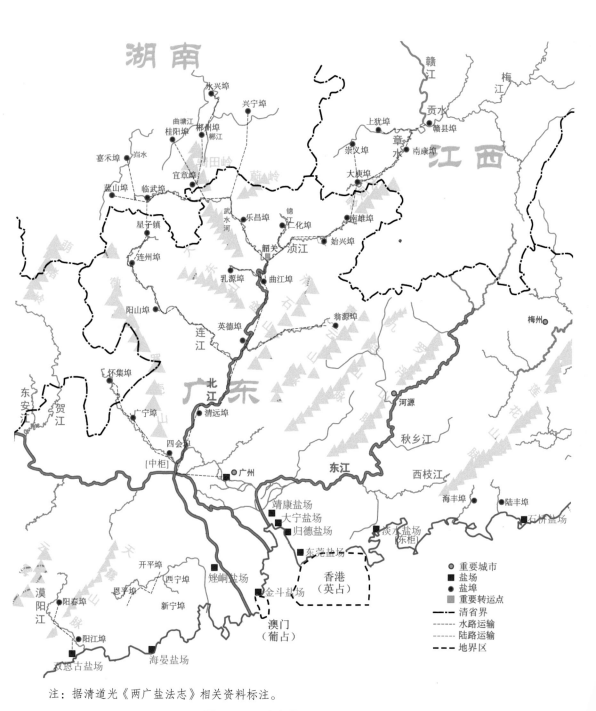

注：据清道光《两广盐法志》相关资料标注。

图 2-8 两广海盐北江运输路线图

第一条路线，由北江运输近可达肇庆府四会埠及广州府清远埠等，再继续北上可至英德埠、曲江埠、乳源埠并到达韶关，过韶关改由浈江可运至始兴埠以及南雄埠等，到达南雄后转陆运经由梅关古道跨过大庾岭，则可越境销盐至江西南安府、赣州府等地。

第二条路线，在海盐运至韶关后，经武水河运至乐昌埠等地，并可由乐昌坪石镇运盐过境至湖南宜章埠及临武埠等地。

第三条路线，海盐过连江口，经连江运盐至阳山埠及连州埠，过连州星子镇后可越境销至湖南南部临武埠等地。

4. 西江盐运路线

西江所运之盐也是由广州起运，近可达肇庆府高要埠及封川埠、罗定州罗定埠等。远可经西江运至梧州，再由贺江、浔江、桂江三条水路转输广西全境、贵州黎平府古州埠及云南（图2-9）。具体路线如下。

沿贺江运输可达罗定州开建埠以及平乐府贺县埠、富川埠等埠地。

经由梧州转运入桂江，上溯桂江

注：据清道光《两广盐法志》
相关资料标注。

图 2-9 两广海盐西江运输路线图

可将海盐运至平乐府昭平埠、桂林府临桂埠及灵川埠等埠地，这一条盐运路线几乎覆盖了桂北全境。

由梧州向西走水运经浔江可达浔州府桂平埠，由此再分为两条运输路线：一条沿黔江、红水河可将两广海盐运销至柳州府来宾埠以及思恩府迁江埠、宾州埠、上林埠等地，沿柳江上溯可将海盐运至柳州府象州埠、雒容埠、马平埠、柳城埠、罗城埠、融县埠，庆远府宜山埠、天河埠、思恩埠、河池埠，桂林府永福埠以及越境至贵州黎平府古州埠等埠地；另一条经郁江、邕江，可销海盐至浔州府贵县埠，南宁府横州埠、永淳埠、宣化埠，太平府永康埠、左州埠、崇善埠、养利埠以及思恩府武缘埠、奉议埠、百色埠等埠地，与云南的"铜盐互易"也经此线。

5. 南流江及钦江盐运路线

南流江主要运输白石盐场所产海盐，清代以前，海盐由南流江上溯达南流县城（今玉林市玉州区），经过约三十公里的连水陆路可达北流县城，再入北流江至藤县接入西江（图2-10）。这条通道也是汉时连通南北地域的通道之一。南宋时，廉州境内海盐运销范围极广，《岭外代答》记载："自南渡以来，广西以盐自给……淮盐不通于湖湘，故广西盐得以越界，一岁卖及八万箩，每箩一百斤，朝廷遂为税额。"[①] 当时这条盐运线路是从合浦起，沿南流江达南流县城，转陆运至北流入江，达藤县沿西江到梧州，从梧州转入桂江河道，一路上溯到漓江段，再经由灵渠即可接入湘江转入湖南境内，从而连通长江流域（图2-10）。

《岭外代答》记载，"盐场滨海，以舟运于廉州石康仓。

---

① （南宋）周去非：《岭外代答》卷五《广西盐法》，清文渊阁四库全书本。

注：据清道光《两广盐法志》相关资料标注。

图 2-10　两广海盐南流江及钦江运输路线图

客贩西盐者，自廉州陆运至郁林州，以后可以舟运……乃置十万仓于郁林州，官以牛车自廉州石康仓运盐贮之，庶一水可散于诸州"①，可见玉林在当时华南盐运中的重要地位。《元一统志》也有说明："南流大江在州南，去南流县二百步，源自容州北流县凌城乡大容山流出，经本州南门外，至廉州石康县合浦入海。岁通舟楫，来往运海北海南盐课，至南辛仓交卸。""本州"即指古玉林，辛仓埠后为水所浸没，

––––––––––––––––

① （南宋）周去非：《岭外代答》卷五《广右漕计》，清文渊阁四库全书本。

海盐改至船埠发配。由此可见这条通道在古时的重要地位。

后因南流江逐渐淤塞，由廉州境内盐场销往广西各地的食盐成本抬高，加之"广东产盐多而食盐少，广西产盐少而食盐多，东盐入西，散往诸州，有一水之便"①，"东盐"即广东海盐，"一水之便"即指西江，从此廉州盐业逐渐衰落。

而钦江盐运可由钦江通达邕江干线，徐霞客在其游记中记载，他在陈埠江（今平塘江）口看到"钦州盐俱从此出"的一幕景象，说明白石场的盐是过钦州走钦江至灵山县旧州镇，后转陆运到达沙坪镇，再走水运入平塘江，最后达邕江干线。

6. 高雷地区盐运线路

高州、雷州地区相对没有珠江水系及韩江水系方便的水运条件，这也造成高雷地区的盐产没有大范围运输，尤其是雷州调楼、武郎及新兴廒三盐场，仅运输至本地各埠，高州府内博茂及茂晖盐场可外运，玉林州北流埠及陆川埠"赴博茂、茂晖等场掣配，运至梅箓过秤，用驳船运埠"②。

（二）两广海盐的陆运古道

1. 梅关盐运古道

两广海盐由广州东汇关出发，沿北江运至韶关，再经浈江到达南雄后，弃船转陆运过大庾岭，需行经梅关盐运古道（图2-11），方可抵达赣南南安府城。

梅关盐运古道在两广海盐越境运销至赣南地区上具有十分重要的作用，同时也是连通珠江水系与长江水系的重要陆路通道（图2-12），由其北上可将海盐、毛织品、铁以及从国外进

---

① （南宋）周去非：《岭外代答》卷五《广西盐法》，清文渊阁四库全书本。
② （清）阮元修，（清）伍长华纂：道光《两广盐法志》卷十五。

注：底图源自清道光四年《南雄州志》。

图 2-11　梅关盐运古道图

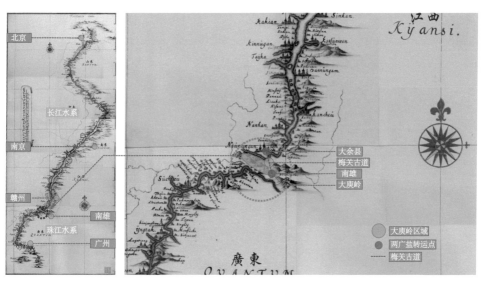

图 2-12　清康熙七年（1668 年）梅关古道图

口洋货运往长江水系,经其南下可将丝织品、药材、茶等货物
运往珠江水系。

梅关关楼北侧是江西,南侧是广东,可以说是一关通南北。
梅关古道自秦时开凿后,即成为粤赣之间的重要商道(图2-13)。
南来北往的官员、商贾以及平民均由此经过,因要翻越大庾岭,
牛马也难免体力透支,如今沿途还可看到当年所设的饮马槽。

图 2-13　梅关古道

2. 乌迳盐运古道

乌迳盐运古道连通南雄州东北部乌迳新田村与赣南信丰
(图2-14),"日屯万担米,夜行百只船"是流传于新田村的
一句俗语,可见此处曾经繁华的景象。再从信丰即可下桃江,
经章水及赣江,即可到江西境内。乌迳古道除了将两广海盐运
往江西,还将大量赣粮及闽茶运往两广地区。

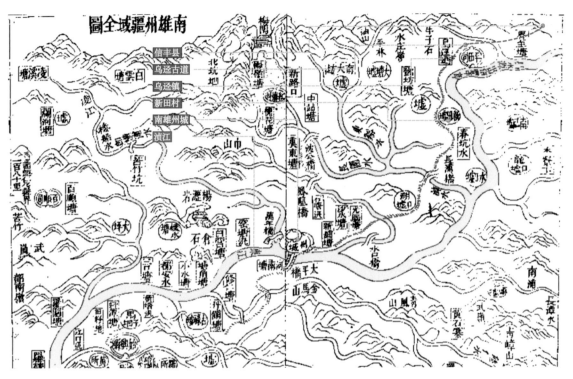

注：据清道光四年《南雄州志》舆图标注。

图 2-14　乌迳古道图

3. 西京盐运古道

西京盐运古道连接湘粤两地，是古时行商及行军要道（图 2-15），其自英德（现英德市）浛洸经浈阳，翻越乳源县西北部山岭，入乐昌境内武阳司、老坪石，后过境至湘南宜章境内。两广海盐运输曾使用西京古道乐昌段，由乐昌到达老坪石再转输湘南宜章、临武、蓝山、嘉禾、桂阳及郴州等埠地。

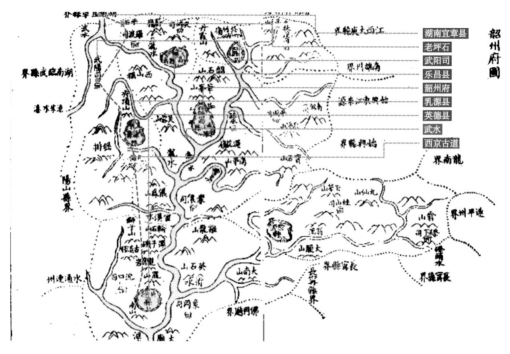

注：底图源自清同治十三年《韶州府志》。

图 2-15　西京古道路线图

第三章

两广盐运古道上的聚落

第一节
产盐聚落

　　两广盐区盐业聚落的形成受诸多因素的影响，其中产盐聚落主要受限于制卤原料的分布，故都形成于沿海一线；运盐聚落则多位于水陆交通便捷之地。随着两广盐业的不断发展，盐业生产也发生了诸多变化，譬如盐场逐渐集中于入海口处。两广盐区盐业聚落的空间形态是盐业聚落各要素在一定的结构关系下组成的整体系统，其形成及变迁与海盐产运销的各个环节紧密相关。

一、产盐聚落的变迁与主要影响因素

　　两广盐区盛产海盐，海盐的生产需要在沿海开辟大片盐田纳卤，随着海盐大量内销，产盐聚落逐渐发展至一定规模，盐丁、盐商、政府盐务管理人员也为产盐聚落增加了相当的人气，推动产盐聚落逐渐发展成功能完备的综合性聚落。时移俗易，一部分产盐聚落由于海涂外扩不再产盐，但保留有一些盐业遗迹，譬如珠江口处东莞、深圳一带；一部分仍然产盐，在保留着古代盐业遗迹的同时，还有大片使用中的盐田，譬如钦州犀牛脚盐场一带、合浦竹林盐场一带等。

（一）产盐聚落的变迁过程

　　两广盐区内许多沿海聚落最初是为制盐服务的，珠江口一带自古盛产海盐，今东莞至深圳一带，历史上就分布有靖康、归德、黄田、东莞等大型盐场。在高度城市化的今天，这些地区的盐业痕迹在慢慢消失，但我们依然可以看到很多与盐业生产相关的地名及考古遗迹（图3-1）。

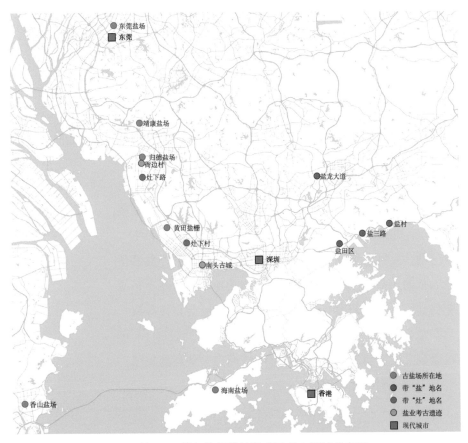

图 3-1　珠江口一带与盐相关的地名及考古遗迹分布图

在这些盐业聚落中，东莞在西晋年间立县，治所位于今南头古城（深圳南山区），当时即设有盐官，负责收集分配沿海盐场所产海盐，今沙井蚝边村处也曾设有盐官负责收集分配归德盐场所产海盐。丰富的制卤资源，加之珠江口一带便捷的水运，使海盐可通过珠江三大支流东江、北江、西江源源不断地运输到内地，盐业从业者为珠江口一带聚集了最初的人气及商业资本，并推动着此地迅速发展。

一些聚落在发展过程中依旧可以看到盐业的痕迹，而原先的盐田也在一步步向新的聚落发展。例如，最初的盐业生产集中于盐田区，随着盐业发展兴盛，聚集起大量人气，一些盐田区逐渐向聚落发展。在盐田向聚落发展的过渡区可以清晰看见盐田格局对聚落发展的影响——聚落基本沿用了旧盐田区的道路网络，道路两侧逐渐建造起屋舍建筑，并最终成片发展起来（图3-2、图3-3、图3-4）。

两广盐区"设场之制，起于宋代"。早期的产盐聚落作为依附于盐业生产的特定聚落，它的形成与发展不可避免受到盐场变迁的影响，一片盐场的兴衰就会直接导致一片产盐聚落的兴衰。从《两广盐区盐场表》（表3-1）可以看到北宋至明清盐场的变化。明清两广盐业逐渐繁荣，至清中期达到鼎盛。

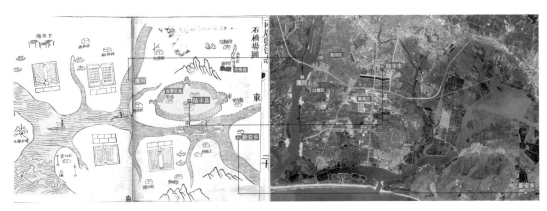

注：据清道光《两广盐法志》及现代地图标注。

图 3-2 石桥场聚落发展图

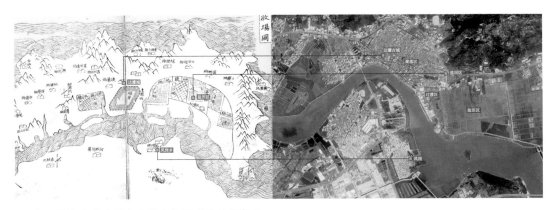

注：据清道光《两广盐法志》及现代地图标注。

图 3-3 招收场聚落发展图

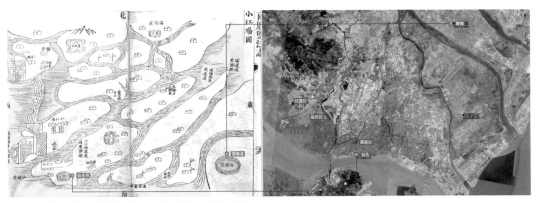

注：据清道光《两广盐法志》及现代地图标注。

图 3-4 小江场聚落发展图

表 3-1　两广盐区盐场表	
朝代	盐场
北宋	靖康场、大宁场、东莞场、海南场、黄田场、归德场、海晏场、矬峒场、怀宁场、博劳场、金斗场、都斛场、淡水场、古龙场、石桥场、白石场、石康场
元	靖康场、归德场、东莞场、黄田场、香山场、矬峒场、双恩场、咸水场、淡水场、石桥场、隆井场、招收场、小江场
明	东海场、白石场、蚕村调楼场、靖康场、归德场、东莞场、官寨丹兜场、黄田场、香山场、矬峒场、双恩场、博茂场、咸水场、淡水场、石桥场、隆井场、招收场、小江场、海晏场、白沙场、西盐白皮场、武郎场、茂晖场
清	矬峒场、海晏场、靖康场、归德场、东莞场、香山场、丹兜场、双恩场、淡水场、碧甲场、大洲场、石桥场、坎白场、海甲场、小靖场、招收场、隆井场、东界场、河西场、海山场、小江场、博茂场、茂晖场、白石场、电茂场、惠来场、东平场

　　笔者根据表 3-1 以及清道光《两广盐法志》关于盐场的表述绘制出两广盐区各朝代盐场分布图（图 3-5—图 3-8），从图中可以看出盐场分布有较为明显的向入海口处集中的趋势。北宋除珠江口一带盐场分布较为密集外，从珠江口往东至潮州沿海一带、从珠江口往西至钦州合浦一带盐场分布均较平均；元代取消了距出海口较远的博劳、怀宁等盐场；至明代，两广盐区盐场格局基本成型，除雷州半岛产盐自销外，其余盐场几乎都靠近江河入海口。其原因，一是入海口具有较广的海洋接触面积，利于盐民开辟大量盐田，集中生产；二是靠近盐运河道，利于海盐大量运销内陆。

　　两广盐区盐场向大型入海口集中的趋势让入海口处产盐聚落随之发展兴盛，珠江口沿岸、韩江入海口沿岸以及南流江入海口沿岸尤为突出。

图 3-5　北宋两广盐区盐场分布图

图 3-6　元代两广盐区盐场分布图

图 3-7　明代两广盐区盐场分布图

图 3-8　清代两广盐区盐场分布图

（二）产盐聚落变迁的主要影响因素

1. 海　涂

两广盐区内的河流拥有众多入海口，单是珠江口就有"三江汇集，八口入海"之说，河道入海，往往在入海口留下大量泥沙，不仅珠江，两广盐区内韩江、南流江及钦江入海口皆如此，长此以往，沉淀下来的泥沙使海涂逐渐向东南方向外扩，造成旧的盐田因"咸淡交侵"而不能制盐，迫使盐民向外开发新的盐田。

两广盐区海涂外扩，尤其在珠江口、南流江入海口及韩江入海口处较为明显。南流江一带是白石盐场所在，以南流江入海口为例，分别将明嘉靖《钦州志》、清道光《两广盐法志》中的古代地图与现代地图进行对比，可以明显发现南流江一带海岸线向南迁移的趋向，其中尤以明嘉靖《钦州志》钦州图中的大小鹿墩、龙门及牙山的今昔对比最为明显（图3-9）。

再如韩江入海口（今汕头一带）是粤东盐场之一的小江场所在地，该盐场所生产海盐汇聚至潮州广济桥后运销粤东、闽西及赣南等埠地。通过对蓬洲、鮀浦、汕头、华坞村、澄海、南港村及北港村等地的古今位置对比，可以看到入海口一带的南移迹象，尤其从清嘉庆《两广全省舆图》中可以清晰看到澄海县与南北港之间在清嘉庆时还为河道所隔断，而由于海涂逐渐外扩，河道被逐渐填起，如今澄海与南港村及北港村之间已连为一体（图3-10、图3-11、图3-12）。

海涂外扩直接导致原有盐田"咸淡交侵"难以纳卤制盐，盐民不得不向外开辟新的盐田，产盐区也跟着外扩，原先的产盐聚落则逐渐脱离盐业生产，向非产盐聚落转型而成为一般的生活居住聚落。原有盐田在海涂外扩之初，先被改为稻田或用

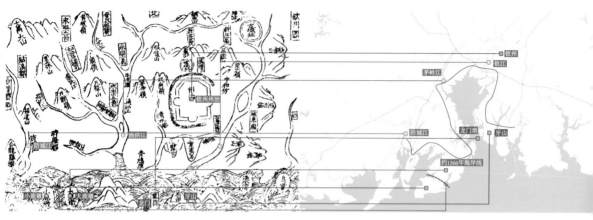

图 3-9　明嘉靖《钦州志》钦州图与现代地图对比

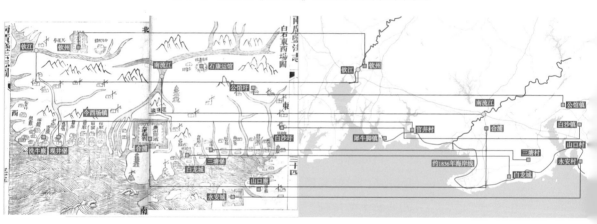

图 3-10　清道光《两广盐法志》图与现代地图对比

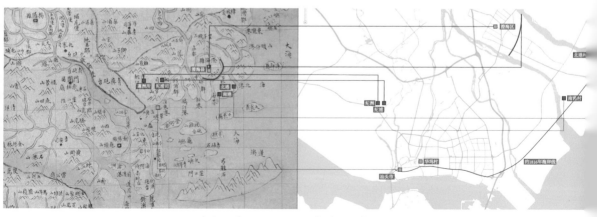

图 3-11　清嘉庆《两广全省舆图》（部分）与现代地图对比

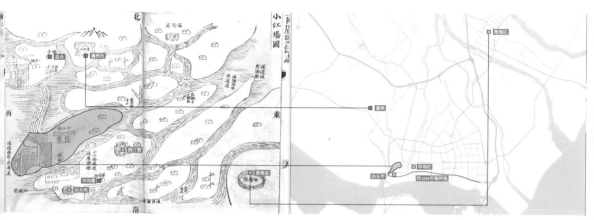

图 3-12　清道光《两广盐法志》小江场图与现代地图对比

作水产养殖等，后随着周边聚落的发展扩大，又逐渐被用于聚
落的建设。据清道光《两广盐法志》记载，珠江口处的东莞盐场，
"嘉庆二十年九月，户部议覆两广总督蒋攸铦等题东莞场盐田
改为稻田……因盐塥咸淡交侵，不能晒煎，请改筑稻田……"①

2. 盐业政策

清初，清政府为防止南明与东南沿海武装力量联合，从顺
治到康熙之间约二十年时间，五次实行禁海令。禁海令要求沿
海居民向内迁移约 25 千米，同时纵火焚烧海边各处聚落。两
广盐业在这二十年间遭受了严重的破坏。实行禁海令期间，清
政府在盐业生产区划定四处熬盐口子，仅允许灶丁只身出入，
分别为：潮州达壕埠、广州茅洲圩、惠州盐田村和廉州盐田村。

禁海政策使两广盐业遭受严重破坏。清初，两广盐区除自
销外，还运销闽、赣、湘、黔、滇五省诸多区域，禁海政策实施后，
两广盐区不能供给，这些地区只好转食他盐，两广的盐场停产，

———————————
① （清）阮元修，（清）伍长华纂：道光《两广盐法志》卷二十二。

灶户失业，产盐聚落遭强行焚烧，毁于一旦。禁海政策持续至
康熙二十三年（1684年）方正式宣告结束，此后，两广盐业逐
渐恢复，并从破败走向新生，而在禁海政策中开放的熬盐口在
禁海政策取消后率先发展起来。

（三）盐场跟海防结合

明洪武三年（1370年），因山西等边地急需军粮，政府募
商人输粮换取盐引，商人凭引领盐运销于指定地区，这一政策
被称为开中制。

明清两代，两广地区海岸线漫长，且沿海的海湾与港口众
多，易受倭寇、海盗侵扰，百姓深受其害。于是自明起设立海
防，建立了以卫所为中心的海防体系。随着明朝政局的稳定，
沿海卫所防务体系初期的防御能力逐渐下降。明初，朝廷通过
屯田制基本保障卫所自给自足，但随着屯田流失，屯政松弛，
屯田被内监、军官占夺，原设屯田之法遭到破坏，动摇了卫所
体系维系的根基。然而由于卫所体系的特殊性质，卫所在失去
了军事功能后依然长期存在。开中制的出现赋予了卫所新的功
能，由于临近海域，制盐便捷，当地海防军队抓住了这一特点，
广建盐场，盐引则直接由盐替代，生产出来的盐被用于和内地
交换物资，由此带动了当地发展。沿海卫所密布，与之配套的
兵屯众多，军户与盐户相互交融，形成了独特的兵营式的村落
肌理，产盐聚落大多横平竖直，形成独特的梳式布局模式。沿
海岸线相隔一定距离设立的卫所，于无形中形成一道防线，在
保护沿海地区的同时，也使海盐的制作更具流程化（图3-13、
图3-14）。

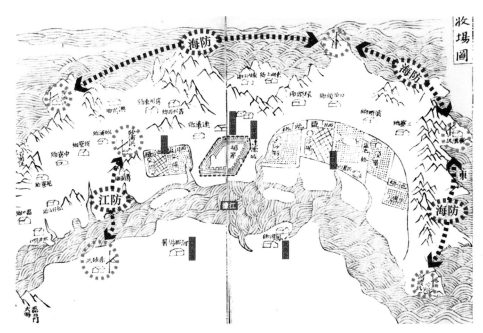

图 3-13 清道光《两广盐法志》招收场图中的海防与盐场关系

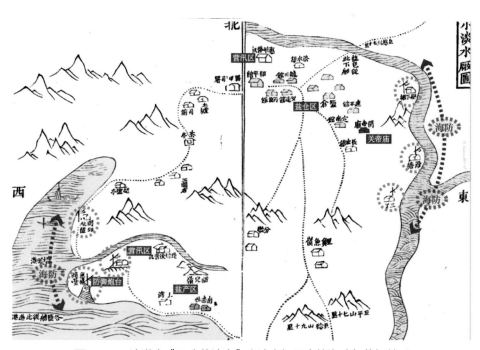

图 3-14 清道光《两广盐法志》小淡水场图中的海防与盐场关系

二、产盐聚落的分布特征

产盐聚落的选址具有便于生产、便于管理和便于运输等特征。沿海岸线分布的聚落可以便捷地获取产盐资源，进而方便其生产；聚落内有盐官常驻，譬如今东莞南头古城从西晋开始就驻有盐官，由此可以方便官府管理盐业；随着两广海盐大量外运，产盐聚落选址需要兼顾便捷的水路运输，水路通便则有利于盐船装卸盐包并源源不断运输食盐至埠地。

两广盐区产盐聚落集中于三大入海口处，分别是南流江入海口、珠江入海口以及韩江入海口。从清代两广盐区盐场分布图（参见图3-8）可以看到南流江入海口主要分布有白石场（又分为东场和西场）；珠江口一带集中分布着淡水场（又分为大场和小场）、东界场、碧甲场及大洲场等，其中原东莞场、归德场及靖康场等场在清嘉庆年间改为稻田；韩江入海口集中着海山场、小江场及招收场等。这些入海口的位置具备了便于生产、便于运输两个基础条件，官府也会选择其中优势明显的场地来设置官署以方便就近管理，由此会进一步强化入海口聚落的区位优势，形成集聚效应。

汕头市达濠古城于清康熙年间修建，位于韩江入海口附近，由韩江上溯可直达粤东盐运中心潮州城，达濠城的发展是一个入海口盐业聚落发展的典型，它是历代招收盐场场署驻地（图3-15）。明清时期，潮盐北运，埠地广阔，招收场便得以迅速发展，由此也给达濠城带来了大量人气及资本。古城平面形制为正方形，设东、西二城门，面积虽小，但据记载，历史上其城内东侧设"招宁司巡检署"，北侧设"招收盐场场署"，西侧设"水师左营守备府"，功能完备，居民稠密，商业繁荣。现如今达濠古城仅存城墙（图3-16），城内建筑全为重新修建。

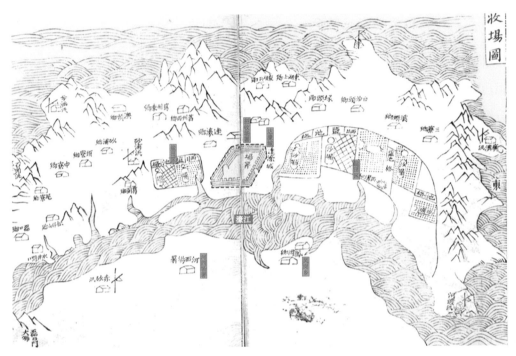

注：底图源自清道光《两广盐法志》。

图 3-15 招收场图

图 3-16 达濠古城外城墙

三、产盐聚落的形态特征

产盐聚落是在海盐生产关系下产生的特定聚落形态，早期
形成时主要由盐产区、盐仓区、生活区、营汛区、崇祀区等部
分组成，一般以盐产区、盐仓区为主。盐产区是滨海的大片区
域，主要由盐田、灶寮、卤池等组成；盐仓区主要供海盐储存，
包括盐仓及各类盐馆；盐场大使驻地一般在盐产区和盐仓区中
间的区域；部分产盐聚落有用于祭祀的建筑，譬如在小淡水场
中设有关帝庙等（图3-17）；营汛区则设置在盐产区和盐仓区
外侧关口，供军队驻扎以便管控盐业。

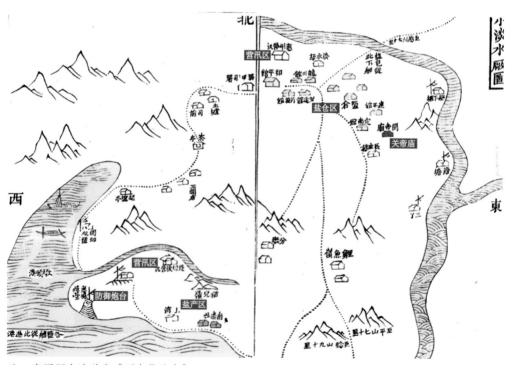

注：底图源自清道光《两广盐法志》。

图3-17　小淡水场图

（一）形态相对独立的功能区

产盐聚落作为具有特定功能的聚落形式，其各功能区相对独立，这利于盐场的高效运转：盐田、灶寮、卤池等制盐区临海分布便于吸收卤水；盐仓区靠近制盐区，小型盐仓与盐田结合，均匀分布在盐田后方，中大型盐仓靠近盐运河道，一来利于盐包集中做防潮处理，二来便于盐包外运；在盐产区与盐仓区设置营汛区可以保护盐业生产不受海盗侵袭，同时也可严格控制海盐的输出；盐业大使驻扎地会居中联系各区，以便于管理。

两广盐区制盐以晒盐法为主，局部受地形等因素限制而采用煎盐法。采用此两种不同制盐方式的产盐聚落在形态上也有一些区别。采用晒盐法制盐的产盐聚落各功能区呈"团块状"形态，小型盐仓与盐田结合，组成一个个具有独立产盐功能的小"团块"（图3-18）。

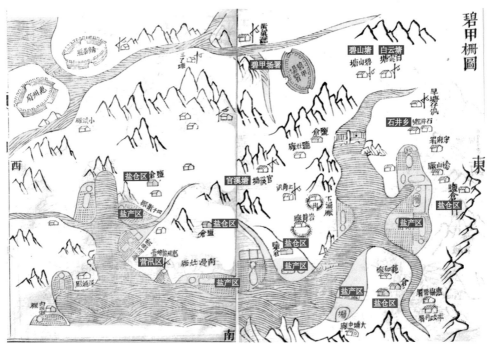

注：底图源自清道光《两广盐法志》。

图 3-18 采用晒盐法的碧甲场

采用煎盐法制盐的产盐聚落各功能区则有较强的"线性"形态，煎盐的灶寮会沿海岸一字排开，所产海盐直接运至中大型盐仓（运馆）内储存（图 3-19）。

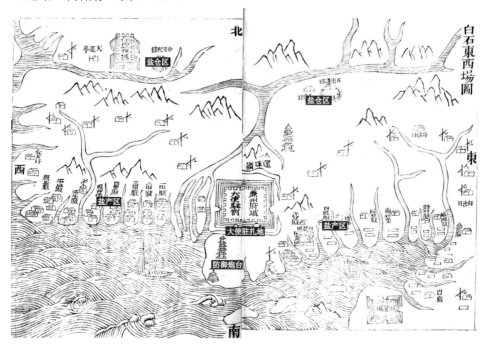

注：底图源自清道光《两广盐法志》。

图 3-19　采用煎盐法的白石场

（二）集中于河道边的盐仓

产盐聚落在负责海盐生产的同时也具有海盐起运的职能，故一般都会位于河道边，同时有大量盐仓也集中于此。这一类盐仓主要用来集中产区小盐仓之盐，它沿主要盐运河道规则排布，同时与众多码头结合，便于盐工装卸盐包。

历史上，合浦是廉州府城驻所，白石盐场包含了合浦及钦州沿海产盐地，由于辖区广阔而分为东西两场，白石东场辖区即为今合浦区域，白石西场辖区则包含钦州及防城港区域。位于沿海一线的犀牛脚盐场（属白石西场辖区）及竹林盐场（属白石东场辖区），可通过南流江将盐运至石康运馆储藏，经由石康运馆上溯南流江至玉林转运北流江，再溯北流江可达西江，此为连接盐场、盐仓与转运点的主要线路。合浦县内临南流江边的街道，现今仍叫作盐仓路。据当地老者回忆，在他小时候，这条江边有上千条盐船往来经过，非常繁忙。

如今合浦境内的南流江边依稀还能看到古码头的样子，盐仓路到城内西华路老街以及阜民南路，均留存着较好的古街风貌。西华路老街两侧仍留有类似旧盐仓的遗址，大量海盐曾由此上岸储藏，而后转运他处。老街一侧直达南流江边的码头处，水运十分方便。合浦城内还有海角亭、文昌塔以及汉代草鞋村遗址。

白石东场之盐也可经钦江运至钦州中屯配馆，再由此运至廉州境内及思恩府等埠。如今在钦州盐埠巷，临钦江一侧仍留有码头及大量盐仓遗址，据当地一名老者描述，曾经在这里有大量劳动者以挑盐为职业，老者的父亲也是其中之一。不少盐仓建筑如今依旧保留着，只是已变为民居（图3-20、图3-21）。

图 3-20　钦州盐埠巷　　　　　　　　　　　图 3-21　钦州盐埠巷

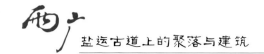

犀牛脚盐场如今仍旧产盐，保留着大片方方正正的盐田，每隔一定数量的盐田就建有一座盐仓以供存放食盐，盐田盐仓的不远处就是盐工生活起居的场所。

（三）偏离政治中心区域的盐运司

作为专管盐务的官府机构，盐运司相较位于州府中心地区的其他官府衙署，往往是偏安一隅且接近盐运河道。广州是西江、北江和东江盐运的起点，集中了大量运往各地的海盐，为便于盐业管理，盐运司即位于城内偏南之处（图3-22）。

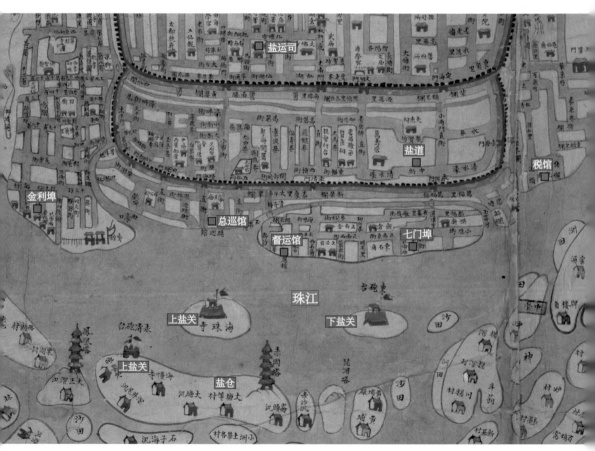

图 3-22　广州盐运图

第二节
运盐聚落

一、运盐聚落的变迁与成因

两广海盐运销七省，埠地广阔，最远可达滇贵境内，因路途遥远，运输过程颇为耗时，有时往返一次需一年半载。出于运销的需要，两广海盐外运的过程中，在主要盐运线路的节点处，一般都会形成与盐运活动具有密切关系的较大聚落。

时过境迁，交通运输方式更新换代，一些盐运线路逐渐被淘汰，依附其存在的运盐聚落也随之衰败；而有些盐运线路在运输方式改变后仍旧在使用，逐渐发展成大的综合性聚落。调研过程中笔者发现，衰败了的古盐运线路上的运盐聚落反而保存相对完整，譬如乐昌市坪石镇塘口村；而很多获得发展的古聚落的盐业文化痕迹则在长期的城市化过程中逐步消失，除了留存在文献中的记载外，实地调研已经很难发现其曾经拥有的盐业文化了，譬如兴安县三里陡村。

（一）海盐外运带来积极影响

聚落的形成与发展依靠着多种因素的作用，自古以来男耕女织的小农经济让聚落相对封闭，发展相对缓慢。商业贸易加强了聚落之间的联系，盐作为人生活所必需的物质，由沿海各地运往内陆区域，沟通了盐运线路上的各个聚落，由于盐商的聚集，这些聚落得以迅速发展，盐业给这些聚落带来的商业

贸易一度成为其发展的重要经济支柱。两广盐区在清朝发
展迅速，大量海盐外运，在主要的盐运分销节点处，众多
盐商及盐业资本聚集，使这些聚落逐渐发展繁盛。

　　玉林船埠村，位于南流江尽端与车陂江交汇处，是明
清时南流江上最大的盐运集散地，白石东场所产海盐运至
合浦石康仓后，再经由南流江运至船埠村。船埠村作为南
流江口盐运重要集散点，曾设有船埠盐务局（图3-23），
盐市的兴盛，也带动了其他民生经济的发展，形成了一条
长四百多米的商铺街，以至于流传着"只识船埠街，不识
玉林街"的俗语。如今，村内还有码头遗迹、护龙庙、盐
铺遗址等一众古盐业遗迹（图3-24）。

图3-23　船埠村盐务局遗址

图 3-24　船埠村旧盐店遗址

（二）河道淤塞带来消极影响

两广盐运主要依托水路，河道畅通对于一条水运线路沿线聚落来说，是至关重要的，可以说河运兴则聚落兴、河运衰则聚落衰。船埠村的衰败即与南流江上游淤塞紧密相关。明清时期，南流江上游段因水土流失严重，逐渐堵塞，本来由南流江转北流江只需约 7.5 千米陆路，后增至约 15 千米陆路，增加了一倍，导致由廉州境内盐场销往广西各地的食盐成本变高。另外，粤盐产场多、产量大，西江水运方便，反使得粤盐入桂更具有优势，从而导致南流江—北流江—西江这条线路的地位逐渐下降，合浦沿海一带盐场所产食盐的行销范围逐渐缩小，盐业衰落，曾经繁盛一时的船埠村也随之衰落。

二、运盐聚落的分布特征

（一）分布于河流干支流交汇处

大型运盐聚落多分布于河流干支流交汇处。前面提到两广盐场与产盐聚落均集中于入海口处，两广海盐运输的起点也主要集中于河流的入海口处：南流江口、珠江口、韩江口。在这些干流上有许多支流再将两广海盐进一步转运至各地，在干支流交汇处往往分布着大型运盐聚落。

广西梧州可以说是西江盐运至广西的第一道关口，古称苍梧。古苍梧县境内的西江上设有盐关及税场榷收盐税，城内建有大量盐仓作为销桂海盐的中转设施。清代，梧州成为广西与沿海省份沟通之桥头堡，地理位置十分重要，梧州的商业贸易更加兴旺。清乾隆以后，西江沿岸常有"一戎、二乌、三江口"的俗语，说的便是广西著名的"三大集镇"：苍梧县的戎圩（今梧州市龙圩区龙圩镇）、平南县的大乌圩（今平南县大安镇）和桂平县的大湟江口（今桂平市江口镇）。两广海盐在梧州沿桂江可运至桂北区域，沿西江向西再经浔江可运至桂西，最远可达云南广南府（图3-25）。

"三大集镇"中大乌圩设于明朝末期，北依浔江，是重要的盐运古镇。镇内古迹众多，沿河分布有大安石桥、列圣宫、粤东会馆、码头等。其中粤东会馆创建于清乾隆五十八年（1793年），道光二年（1822年）迁建于新址，砖石结构，硬山顶、封火山墙兼琉璃脊饰（图3-26）。

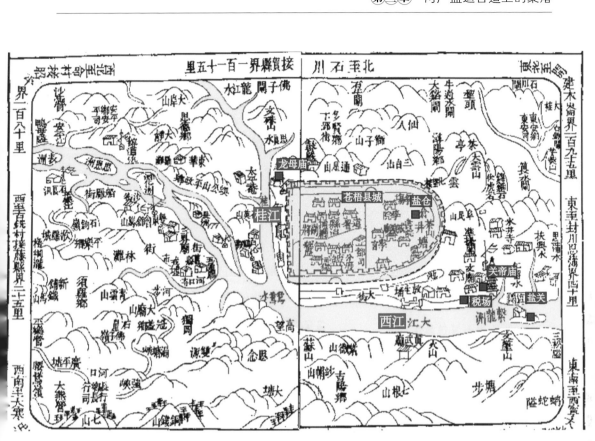

注：底图源自清同治十二年《梧州府志》。

图 3-25　苍梧县图

图 3-26　广西平南县大安镇粤东会馆

（二）分布于自然河道与人工渠道交汇口

　　秦代修筑灵渠连接湘江与漓江，打通了南北水上通道，这条通道也成了南北物资运输通道，粤盐可由此运销至兴安埠、全州埠及灌阳埠等地。桂林城东漓江边上也曾有一条老盐街，因盐铺聚集而得名，来此贩盐者多为湖南商人，他们走的就是漓江—灵渠—湘江这条水路。后来在抗日战争期间，抢运粤盐供给湖南、江西及广西时，这条通道也发挥了重要作用。

　　兴安县盐铺村位于漓江与灵渠的交汇处，是两广海盐运至桂北地区的重要转运点（图3-27）。村内靠漓江边保留有古码

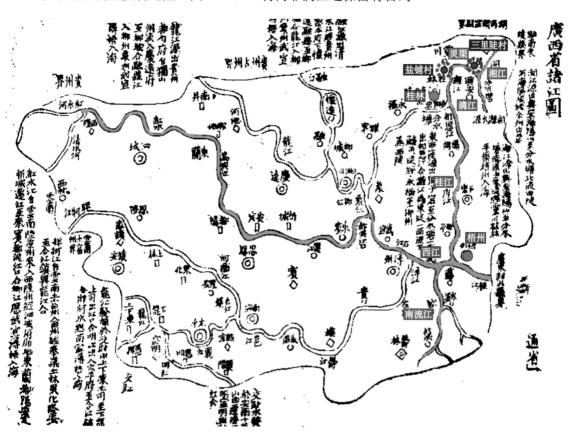

注：底图源自清光绪十五年《广西通志辑要》。

图3-27　兴安县盐铺村与三里陡村区位图

头遗迹，明清时村内有大量盐铺。村内老人说，旧时街上各处都是盐店以及中转用的盐仓，还有众多盐业码头，后由于涨水冲散了许多。如今村内保留有三十多座古建筑（图3-28、图3-29）。

图 3-28　兴安县盐铺村

图 3-29　兴安县盐铺村古盐业码头及漓江

三里陡村则位于灵渠与湘江交汇处，是两广海盐经灵渠至湘江运输线路上的重要中转点，最终可到达湖南南部。三里陡村内现存古灵渠运河段（图3-30），运河上保留有一座古石桥，村子紧依灵渠。村内老者说，曾有大盐仓设于此。兴安县博物馆藏有2002年于此出土的清乾隆时期称盐用的石权，也从侧面说明了清朝时期沿线盐业贸易的兴盛（图3-31）。

图 3-30　三里陡村内古灵渠运河段

图 3-31　兴安县博物馆藏称盐用石权

（三）分布于水陆交通转运处

水运是两广海盐运输的主要交通方式，但在局部地区河道分离，水运不通，需要陆运连通两地，在这种水陆交通转换的节点处，盐包要装卸及存储，再通过人力陆运至目的地。装卸盐包时就需要大量盐工，而因运输工具从船只改为牛马车或使用人工担运，大量相关从业者也会聚集在水陆转运两端的节点处，使之逐步发展为大的市镇。

这类水陆交通转换点主要有两类：一类是河流之间互不连通，中间需要一段陆路运程将盐包从一地运至另一地；另一类则是两地为山脉阻隔，两广海盐运至另一地需要翻越山脉，长期的运盐实践会逐渐在相对容易行走且里程相对较短的位置形成一条条盐运古道。前者如玉林至北流之间，南北流江河道断开，盐包从南流江运至玉林船埠入仓，后转陆运约三十里至北流，即可转入北流江接入西江干线（图3-32）。后者主要集中

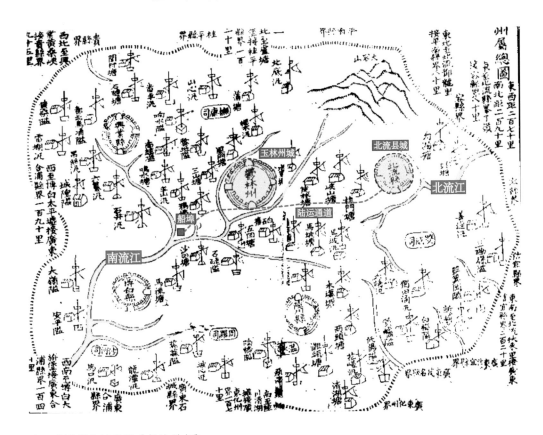

注：底图源自清光绪《郁林州志》。

图3-32 玉林州属图

在两广盐区北端五岭山脉处，如两广海盐沿北江运至南雄后，广东南雄与江西南安府为大庾岭所阻隔，想要运盐过境就需要翻越大庾岭，从南雄改换陆路行梅关古道方可抵达江西南安府境内。

三、运盐聚落的形态特征

（一）沿河流"一"字形展开

"一"字形的形态增加了聚落与河流相接触的面积，有利于布置许多码头及时装卸盐包及相关货物。同时这种形态的聚落沿河边都有一条与河道平行的主街，垂直于主街有众多小巷通向河边。

玉林船埠村整个村子沿南流江一字展开（图3-33、图3-34），村内老人回忆，船埠曾有城墙围住整个街道，三处开门，现今村内一角还留存一道城墙遗迹。船埠街上保留着一段石板路，街的两边就是以前的盐铺盐仓所在位置，由于几次大水，冲毁不少建筑，现今剩下的许多残垣断壁就是盐铺故址（图3-35）。老者说，曾经每天有千余船只往来于船埠村与合浦，在船埠村南流江段停泊卸盐，每50～100米有一个码头，村内曾有两处戏台，每逢节日，煞是热闹。

再如兴安县盐铺村、南宁市三江坡村等均沿河道一字展开，并有三五个纵向通道通向河边码头（图3-36、图3-37）。南宁市三江坡村位于左江、右江以及邕江的汇合处，沿西江西运的盐船过邕江后停泊于此等待查验缴税，再分运左江、右江至各埠地，三江坡古村沿左江河道一字形展开，纵向通道可通向左江边码头处。

图 3-33　船埠村总图

图 3-34　船埠村航拍图

图 3-35　盐铺残垣

图 3-36 兴安县盐铺村航拍图

图 3-37 南宁市三江坡村

（二）商业空间与居住空间纵横发展

　　运盐聚落一般紧邻河道，为了装卸盐包更便捷，其普遍在沿河处设置盐仓及盐店，往来于此的商船也带来大量诸如粮、瓷、布匹等其他物资在沿河区域交换，于是交通较好的沿河一线便为商业活动所占据，而许多盐商发家致富之后，在运盐聚落纵向靠里的区域建设家族聚居地，便形成商业空间与居住空间纵横发展的格局。

前面讲到粤东潮盐北运的枢纽梅州三河古镇，位于韩江、梅江及汀江三江交汇处，宋明两代都于此设有盐务管理机关。三河古镇的发展即与盐业息息相关。三江汇合处是当时的盐运码头及盐铺盐仓遗址，依靠盐业的发展，三河镇汇聚了大量盐业资本，许多盐贩致富后安家于此，聚族而居，民居建筑等便纵向向内发展（图 3-38、图 3-39、图 3-40）。

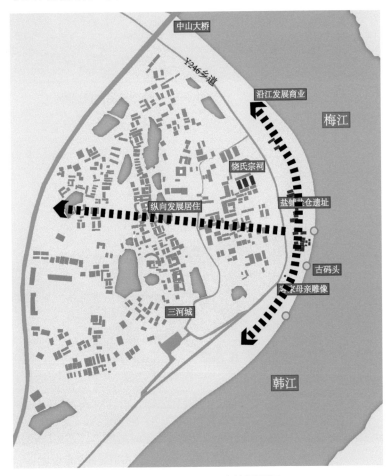

图 3-38　梅州三河古镇平面图

图 3-39　梅州三河古镇远眺

图 3-40　梅州三河古镇盐铺盐仓遗址

再如梅州松口古镇，位于梅江上游处，为嘉应州通往潮州的咽喉之地，是"盐上米下"的潮盐、赣粮贸易集散地之一，南下的赣粮与北上的潮盐聚集于此，船只沿梅江江岸停泊，商人们在此进行各种贸易，促使松口逐渐发展成为商业重镇。商业集市沿河道发展排布，民居布局则与之垂直，纵向向腹地深处延伸（图 3-41）。

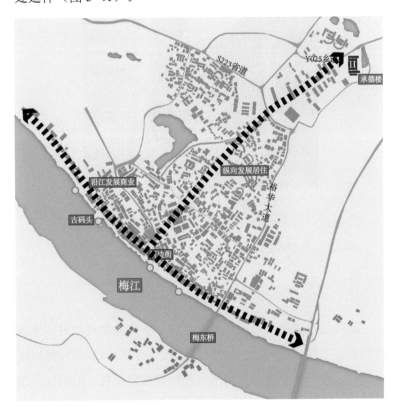

图 3-41　梅州松口古镇平面图

（三）街巷空间的连续性与曲折性

运盐聚落街巷空间兼具连续性和曲折性。连续性体现为商业区沿河道呈一字形分布，这对货物的装卸十分有利。而商业空间与居住空间呈纵横式发展的运盐聚落在向内纵深发展时因没有了河道的优势，其内部商业氛围便不如河畔区域浓厚，更多的是一些商人营建的家族宅居，这些建筑比较注重风水及景观等元素，使得这里的街巷空间相对来说比较曲折幽美（图3-42）。

图3-42　古镇街巷

四、代表性运盐聚落分析

（一）梅州松口古镇

梅州松口古镇初形成于北宋，由于特殊的地理位置，宋代在此设立"松口盐务"，与净口盐务、三河口盐务共同抽取潮盐盐税。松口处于连通嘉应州与潮州的重要位置，沿梅江上溯可达嘉应州，沿韩江顺水而下则达潮州，水路交通便利，为潮盐运至嘉应州及赣南地区的必经之地。

聚落的形成与发展离不开良好的自然环境，优越的水运条件及良好的地形地貌是松口古镇发展的基础条件，自古流传着"松口不认州"的俗语，州便指嘉应州，松口的影响力已然超过了嘉应州府，其地位由此可见一斑。

潮盐北运对松口镇的繁荣影响至深，粤东、闽西及赣南俱食潮盐，经韩江北运的潮盐除部分经三河古镇东北的汀江运至闽西永定埠等地外，余盐尽皆由三河古镇运至松口。粤东主要包含了潮州府及嘉应州，松口古镇则是潮州进入嘉应州的门户，向西可将潮盐运至梅江沿线，向北过石窟河可运至闽西上杭、长汀及连城等埠地，也可由平远过筠门岭到达赣南会昌诸埠。古镇内至今除保存着大量围龙屋外，还留存有楼阁式砖石塔元魁塔、五龙石拱桥、五显宫等重要古建筑。

松口古镇的繁荣建立在梅江的水运优势上，往来船只停泊于梅江边，盐铺盐仓及其他商业就近沿河道一字形展开分布。清代两广盐业兴盛之时，松口有相当数量的商人从事盐业活动，其中李氏一族经营潮盐与赣粮等生意，积累了相当可观的财富，后在松口古镇相继修建了十座体量庞大的围龙屋。

松口古镇是客家先民南迁所居的聚落之一，松口形成之初正值客家先民于中原南迁，最早在唐代已有一些汉人南迁到达松口，元初自闽西汀州府又陆续迁入大量汉人，松口于是成为客家人从闽、赣迁入广东的始居地之一。客家民系带来的文化对松口古镇的发展有着很大的影响。粤东、闽西与赣南之间频繁的商业贸易使这三个地区之间的文化交流不断加深，粤东区域便形成了明显不同于广东其他区域的聚落与建筑文化，松口古镇盐商所建宅居也都以围龙屋为原型（图3-43、图3-44）。

图3-43　松口古镇承德楼　　图3-44　松口古镇安定堂

（二）梅州三河古镇

　　梅州三河镇居韩江、梅江以及汀江三江汇聚处，是潮盐运
输粤东、闽西、赣南三地的盐运枢纽，北宋时置三河口盐务，
明设三河巡检司，至明嘉靖时于此筑城，即为三河镇城（图3-45、
图3-46）。

图 3-45　三河古镇城墙

图 3-46　三河古镇民居

　　三河镇一居民家中还保留有几块清碑，其中一块上面有专门写给盐商劝其行善戒贪的碑文。雍正时期的石碑额题为"码头功德碑"，碑文讲述了当时三河镇盐务官吏和三河人民修建码头之事。乾隆时期的石碑碑文说明由潮州至三河镇行船时间在十天左右，盐船若有延误，则会遭罚。咸丰时期的石碑碑文则告诫盐务官吏勿要勒索来往此地的盐商。

　　村内较好保存了明清时期民居建筑，这些建筑装饰以彩绘及木雕为主，村口饶氏宗祠经修缮维护，仍保留着明清时木构架及门楣窗扇上的彩绘和木雕，题材有山水画卷，也有松梅竹菊（图3-47、图3-48）。

图 3-47　三河古镇饶氏宗祠外观

图 3-48　三河古镇饶氏宗祠木雕门扇

第四章

两广盐运古道上的建筑

第一节
制盐建筑

一、制盐建筑的类型

在以煎盐法制盐的盐场中，制盐建筑主要包括煎盐用的灶寮以及存放海盐的盐仓，而在以晒盐法制盐的盐场中，主要制盐建筑多为盐仓。

产盐聚落中的盐仓大体上可以分为两类：一类靠近产盐区，供存放刚煎晒完成的海盐及部分生产工具；另一类则靠近主要运输河道，它用于储存第一类盐仓所收集的海盐，商人自此取盐装船并运输至埠，具有运馆的性质。前者结构形制均较为简单，会采取一些防潮、防倾塌的措施；后者除了能够存放盐包，还需要具备供往来商船交接盐包等功能，因此在形制上也会更复杂一些。

灶寮一般位于产盐聚落南端近海，与盐田结合较为紧密；盐仓则位于产盐区的北端，背山面海，不易受海潮的侵袭。运馆性质的盐仓主要分布于整个产盐聚落北端，靠近主要运输河流（图4-1、图4-2）。

注：底图源自清光绪《两广盐法志》。

图 4-1 碧甲场盐场图

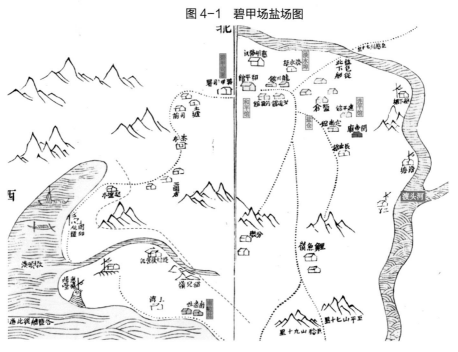

注：底图源自清光绪《两广盐法志》。

图 4-2 小淡水场盐场图

二、制盐建筑的特点

灶寮一般结构较为简易，由木材搭制成不封闭的小屋，内置煮盐用灶台及铁锅。灶寮都是依海而建以便于取卤制盐，多为方形平面，双坡屋顶（图4-3、图4-4）。

近产区盐仓多为单层单栋形式，而运馆类盐仓则有单层单栋（小淡水场盐仓，如图4-5；潮州盐仓，如图4-6）、单层多栋（白窑村盐仓、卧石岭盐仓，如图4-7）、双层单栋（印子山盐仓，如图4-8）、二进四合院（石康运馆、中屯运馆，如图4-9）四类形制。

盐仓一般为砖石砌筑，石材可以很好地防潮及防海盐侵蚀，通常是沿墙基用石材砌半高墙身，再用砖砌筑以上部分，屋顶多为硬山顶。产盐聚落中盐田区的划分一般较为规整，每一小块盐田设置一处小盐仓，以供海盐生产后及时储藏，而在运盐河道起点的聚落，则会有成片分布的较大盐仓，以集中收集海盐并向内陆转运。部分盐场将卤水在盐池曝晒，后抽入盐仓内析出盐结晶，则此种盐仓具备一定的生产功能。

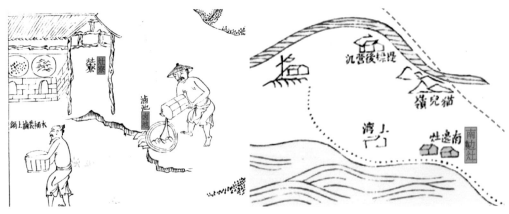

注：底图源自清光绪《两广盐法志》。　　　　注：底图源自清光绪《两广盐法志》。

图4-3　灶寮　　　　　　　　　图4-4　小淡水场灶寮

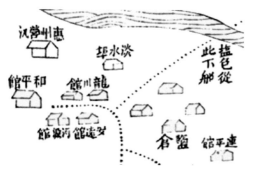

图 4-5 小淡水场盐仓

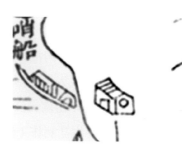

图 4-6 潮州盐仓

图 4-7 白窑村盐仓、卧石岭盐仓

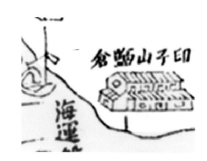

图 4-8 印子山盐仓

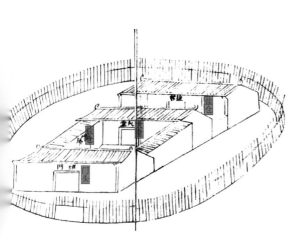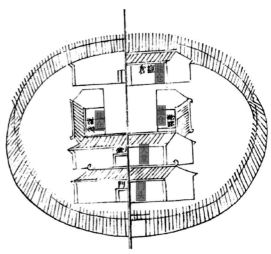

图 4-9 石康运馆及中屯运馆形制

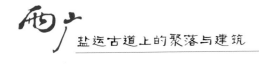

两广 盐运古道上的聚落与建筑

三、代表性制盐建筑分析

犀牛脚盐场位于北部湾沿海,清代属于白石盐场管辖,旧称洗牛廠,其盐仓以单层单栋形式为主,沿盐田区域均匀分布(图4-10)。盐场所产盐汇集于合浦处,由南流江转向内陆运输。如今犀牛脚盐场依旧产盐,盐仓内部也有海盐制作工具及刚产出的海盐堆放(图4-11)。

犀牛脚盐场盐仓建材以砖石为主,墙基及下半墙身用石材砌筑(图4-12、图4-13),防水防潮,硬山屋顶,顶上用片瓦覆盖,在片瓦之间用较重的石条块压住以抵挡强风。结构为砖石柱承接简单的木构架,无梁,用斜撑支撑住檩条。由于分布近海,盐仓室内垫有木板抬高地面以防潮,盐仓外侧都有巨型扶壁柱以抵挡室内存盐对墙壁的侧推力。

图4-10 犀牛脚盐场盐仓分布图

图 4-11　盐仓内
海盐及制作工具

图 4-12　犀牛脚盐场盐仓

A.砖石墙面

B.石条压瓦

C.室内斜撑

D.盐仓内增加的木板层及盐仓外石扶壁柱

图 4-13　犀牛脚盐场盐仓细部

第二节
销盐建筑

一、销盐建筑的类型

两广盐区的销盐建筑主要是指运盐聚落中与海盐销售相关的建筑，包括盐店盐铺、盐业会馆等。

两广盐区的销盐建筑多分布于《两广盐法志》中记载的盐运埠地及各大州府城内。两广海盐按埠地销售，一般是一县一埠，故盐店也多集中于埠地；盐业会馆作为商人的聚会之地，多分布于重要河道沿岸州府城内，因西江水运之便，广西盐商多为粤商，故粤东会馆在广西境内分布众多，除桂东北兴安县、全州县等少数州县城内没有粤东会馆，其余州县都有一至数座粤东会馆。

在大型运盐聚落中盐铺常常集中出现，有的至今还有盐店街、盐仓街。清代桂林漓江岸边曾有一条盐店街，其中八成以上的店铺都是经营盐业的，主要盐号有李嘉和、源盛昌等，皆是经营两广海盐的店铺。又如粤北乐昌坪石镇，曾有"三街四市"的说法，三街为上、中、下街，中街门店多为盐店，坪石一带的富商宅居以及会馆都集中于中街，盐商以湖南、江西以及广东商人居多，设有楚南会馆、广同会馆、豫章会馆等。

二、销盐建筑的特点

盐铺平面形态一般较为规整，高一至二层，同时兼作盐仓。

盐铺是销盐的基本建筑，广泛分布于各盐运埠地，在大型销售地，盐铺一般会成街出现。由于盐铺也兼作盐仓存放海盐，其室内一般会有木板将地面略微抬高以防海盐受潮。

盐铺所在地一般为各级商业重镇，这里同时也有大量其他商业贸易，在城镇的发展过程中，这些处于商业中心的建筑更新换代很快，不易留存，即便留存下来，也是分布在那些由于各种原因而衰败的城镇中，保存得不是特别完整，盐业店铺同样如此（图4-14）。

图4-14　船埠村盐铺

两广盐区的盐业会馆除了作同乡寄居、同业聚会或者商业洽谈、祭祀祈福之用，有的还兼售海盐。据初步统计，粤商在广西修建的粤东会馆有一百多个（图4-15—图4-18）。这些会馆主要有以下特征。

图4-15　乐昌广同会馆

图4-16　玉林粤东会馆

图4-17　北流粤东会馆

图 4-18 大安镇粤东会馆俯视图

1. 布局方正，主次分明

两广盐区的盐业会馆整体布局较为方正，建筑整体主次分明，与庭院相交错，形成中轴对称的长方形空间布局。一般沿中轴线从前至后依次布局前座、中座、后座。前座一般为门楼，向所有人敞开，是聚会及招待之处；中座是整个会馆的中心所在，用以商讨议事。前座与中座之间为厢房或是走廊，面向天井，有客人需要寄宿也可作为临时房间。前座两侧多为铺面以对外售卖食盐及其他物资，前座与中座之间的天井常搭建临时戏台，可供粤商聚会娱乐。中座与后座之间的厢房通常作为会馆人员的休憩用房或厨房、餐厅等生活起居用房。后座明间一般用来供奉神明，是祭祀神殿，两侧厢房或作为居室或作为书房使用。

2. 外形华丽，装饰精致

盐业会馆作为某一特定地区商人出资营建的会馆建筑，建筑本身的区位、形制及装饰等，能够展现建造者的实力。粤东会馆外形均较华丽雅致、雄浑壮观，造型较为繁缛，色彩比较亮丽。高耸且巨大的镬耳墙气势磅礴，正面三开门，大门居中，侧门连通前后走道。正门两旁各有石砌台基，台基上置精雕石柱，柱身线脚及柱础雕刻精美，柱上纵向承接伸出外沿的木梁，横向用雀替搭接一根石梁，上承斗子蜀柱一同支撑屋顶重量。建筑装饰上处处都可以看见石刻、泥塑、瓷嵌等工艺。屋顶用琉璃瓦，瓦中的滴水等细节十分精美。

3. 结构合理，因材而饰

粤东会馆建筑材料以砖、石、木为主，青砖用于墙面，石材用于铺地及柱梁等，而整体建筑运用较多的则是木材，且工艺水准比较高，加上建筑整体运用广东著名的石雕、木雕、灰塑等种类繁多的建筑工艺装饰，使粤东会馆精美绝伦，研究价值极高。会馆内建筑构架基本以木制为主。石柱主要用于室内与院落相接的院墙处以承接较大重量，增加会馆建筑整体的稳定性。同时木柱都会使用石柱础以防潮，柱础样式有花篮、佛珠、南瓜、浪形、棱角等，样式繁多，做工精致。前座、中座及后座主体建筑梁架结构多为抬梁式与穿斗式相混合。首先固定好混合结构的梁架基础，然后在主体建筑上架梁，梁上立瓜柱，层层垒叠而上，以榫卯衔接各类木构件，形成统一紧固的整体梁架系统。厢房空间一般较小，整体结构不如主体建筑复杂，一般梁架一边落于院落旁的石柱上，另一边搭于外墙上，大梁上再层叠瓜柱直至屋脊。两广盐区的盐业会馆整体结构充分整合了石材及木料的材料优势，具有很好的稳定性。

三、代表性销盐建筑分析

玉林粤东会馆坐落在今玉林市玉州区，明朝建成后又于清乾隆年间迁建于今址，经扩建最后形成三进两院落的整体格局（图4-19、图4-20）。会馆东北朝向，砖木结构并辅以部分石柱，青砖墙面，石座台基，青瓦屋面，屋檐檐边做剪边琉璃装饰，屋顶样式为硬山顶，配以巨大的镬耳山墙，气势雄浑（图4-21）。

图 4-19 玉林粤东会馆俯视图

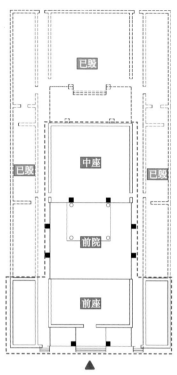

图 4-20 玉林粤东会馆平面图

图 4-21 玉林粤东会馆

现玉林粤东会馆中间左右厢房及后座整体已毁，仅保留前座、前座左右厢房及中座主体建筑。建筑入口前有宽阔广场，室内外空间由前座前半段相联系，前座建筑台基有石刻花纹，正门两侧再筑台基，将人引至入口正门处。红漆木门，狮环铜锁，庄重大气，大门两侧各有一块修饰细致的门枕石，上方则是题有"粤东会馆"四个大字的牌匾。正面入口两侧配以石台基，台基上立石柱，石柱上立石梁及从前座纵向伸出的金漆木雕梁头，横向石梁上立有石刻狮子样斗子蜀柱，与石柱一同支撑木枋及屋顶重量（图4-22）。木枋外沿饰以各式人物、花鸟虫鱼主题金漆木雕，人物形象生动、栩栩如生。前座两侧，镬耳山墙伸出，与檐口相交处的墀头分三段，与檐口衔接处石刻作叠涩状，题材以重复花纹及构件为主；中段较窄，饰以单个完整花纹连接上下段；下段石刻包花边，内作石刻人物或生活场景，面积最大，层次最丰富（图4-23）。

图4-22　玉林粤东会馆

图 4-23　玉林粤东会馆石刻墀头及泥塑瑞兽与人物

　　玉林粤东会馆屋脊作灰塑工艺双龙戏珠及博古纹样式，两侧泥塑镶金"政通人和""太平盛世"八个汉字，下面有彩色泥塑自然风景及生活物品，底色黄蓝相间，屋脊尽端没入镬耳山墙，整个屋脊间各种要素互相搭配，显得异常华丽（图4-24）。

　　粤东会馆由粤商出资兴建，客居他乡的粤商乡土情怀异常强烈，因此会馆建筑无论是在形式、装饰还是材料上都体现出广府地区的建筑文化特征。粤东会馆在给广西等地区带来粤文化的同时，也在广府宗祠文化中融入了广西特色，体现出一种在地化的趋势。

图4-24　玉林粤东会馆"双龙戏珠"正脊饰

盐商宅居

一、盐商宅居的类型

两广盐业的发展成就了许多大大小小的盐商，他们在获得丰厚利润后都会营建家族宅居，以作为盐商形象的外在体现。盐商宅居与盐业发展有着千丝万缕的联系，其建设不可避免受到沿线聚落与建筑文化的影响，同时盐商宅居自身也是两广盐业建筑的组成之一。

两广盐商以粤商为主，还有一些从周边地区如湖南、江西及福建等地前来经营盐业的商人。从盐商宅居选址来看，这两类商人有所不同。外地来的盐商为图行盐方便，常将宅居建于主要运盐河道旁或重要盐运中转处，而本地盐商往往依旧在家族所在地的州府或乡邦营建宅居。前者如广西临全总埠盐商李念德，其为江西临川人氏，嘉庆年间两广盐区改埠归纲时，他就曾以运商首领身份帮办局务，管理六柜运务。李念德在广西桂林府经营盐业致富后，设宅居于梧州。又如，广州城作为改埠归纲后总局所在地，是珠江口盐运的起点，众多盐商宅居聚集于广州城内越华街、豪贤街及盐仓街一带。"广州第一家族"的许氏家族，其族人许拜庭为清代广州第一大盐商，其宅居即位于今广州城内珠江北岸高第街。这一类盐商宅居一般位于靠近盐运河道的州府城内，并邻近衙署，其地往往也是海盐集散地。而本地盐商经营盐业致富后，多在原家族聚集地营建宅居。譬如丰顺盐商张如白靠贩盐起家，积累财富后于当地建造建桥围大屋；又如盐商叶文昭祖上居于梅州，其祖父于清康熙年间迁入归善县（今属惠州市）镇隆镇，叶文昭走南闯北经营盐业得当，家产丰厚，嘉庆三年（1798年）于镇隆镇再建崇林世居。这一类宅居注重山水格局，多背山面水。

二、盐商宅居的特点

1. 一般体量较大，适合宗族聚居

两广盐商资本多寡不一，盐商宅居规模也是参差不齐，但一般体量都相对较大。许多盐商都是宗族聚居，随着盐商发达之后，宗族人丁逐渐兴旺，又会在原宅居基础上不断扩建。许拜庭经营盐业致富后，许氏家族聚居于广州高第街许地，并于此扩建不少新的建筑，以"宅"为单位划分族人，分五宅、十宅等。又如在丰顺县建桥镇，素有"大埔百侯杨，丰顺建桥张"之说，"建桥张"说的便是贩盐致富的张氏家族。张如白发达之后，人丁兴旺，在建桥镇营建建桥围屋，占地面积一万多平方米，成千族人聚居于此。

2. 以祠堂为中心

祠堂在宗族社会中具有重要意义，能够维系族群健康发展，传承祖训，并凝聚族人。两广盐商世家普遍注重家族世代的传承延续，对于族人众多的盐商家族来说，祠堂同样具有敬宗收族、凝聚血亲、规范伦理的教化功能，一些立于祠堂的家规祖训更是不可逾越的教条。盐商在营建宅居之初，往往将祠堂设置在整组建筑中心位置，崇林世居、许地等盐商宅居都是比较具有代表性的例子。

三、代表性盐商宅居分析

（一）崇林世居

崇林世居位于广东省惠州市惠阳区镇隆镇大光村，由盐商叶文昭建于清嘉庆年间，是一栋规模较大的宅居，叶氏家族世居于此。建筑整体背山面水，平面呈方形，包括池塘、禾坪、厅堂和带望楼的后围四个部分，中轴对称，主体位于中轴线上，是一套三进二庭院式建筑（图4-25）。崇林世居距镇隆镇步行约半个小时，从建筑西边首先可看到半圆形的池塘及禾坪，

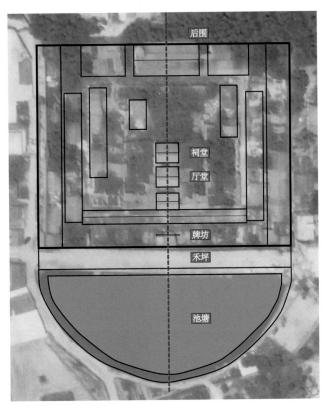

图4-25 崇林世居平面图

外围空间十分开阔。池塘不仅为族人提供生活用水，还可调节围屋的小气候，同时半圆形池塘与方形主体建筑搭配，也反映出古人天圆地方的宇宙观。

建筑正面三开门，左侧大门两侧题字"厚德载福，和气致祥"，正中大门两侧题字"南阳绵世泽，东粤绍家声"（图4-26）。

图4-26　崇林世居入口

崇林世居由正中门进入后，左手边是立于光绪年间的家训石碑（图4-27），上面要求族人守国法、重国课、务正业、睦宗族、敦孝弟、和乡邻、敬师长、端风俗、崇节俭、戒非为。

经过门厅，正面正中是一座三间三楼式牌坊，当心间为单券洞式石拱门，一面正中题字"树德务滋"，劝

图4-27　崇林世居家训石碑

告族人向他人施行德惠时务须力求普遍。字的上方额枋间花板绘有长幅崇林世居图（图4-28），描绘了崇林世居建成的面貌：小孩在禾坪上玩耍，族人在田间耕作，各种动物奔走其间，一派繁荣昌盛的景象。牌坊四周规整地排布着大大小小的彩绘，以象征人高贵品质的竹、梅等植物图以及教育后人多读书行善的故事画为主，其中包括孟母三迁的图画。牌坊的另一面正中题字"为善最乐"（图4-29），即劝族人多行善事。字上方额枋间花板是长幅彩绘，四周多以瑞兽及单个物品彩绘瓷嵌为主。整个牌坊十分精美。

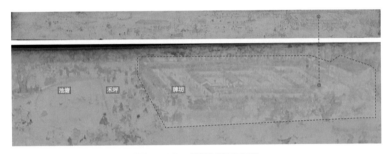

图4-28　崇林世居彩绘

图4-29　崇林世居牌坊

由牌坊再往里经过一片空地后便是主体建筑，其整体略显破败，但建筑构件及装饰仍旧非常精美。柱础皆为石材，有的柱础及一半柱身为石，上半柱身为木材，门楣窗扇、檐口墙壁都施以彩绘，雕梁画栋，金粉题字（图4-30）。主体建筑采用抬梁式木构架，脊檩及中金檩下均另加一根木雕修饰的檩条，靠近屋顶的墙面施以彩绘（图4-31），整体内部空间大气雅致且装饰精美。

崇林世居由池塘至祠堂的空间序列主次有序，逐级升高，祠堂在这一组建筑中最高，同时也是整个建筑空间序列的顶点。中轴线上布置了三个庭院，与门堂、前堂、厅堂及祠堂间隔布置，空间开合灵动，井然有序（图4-32、4-33、4-34）。由禾坪至祠堂逐步升高，形成富有节奏的空间变化，恰在池塘与山体之间形成过渡，与周围环境融为一体（图4-35）。

图4-30　崇林世居木雕门扇　　图4-31　崇林世居彩绘墙面

图4-32　崇林世居庭院

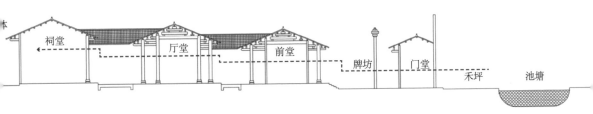

图 4-33 崇林世居主体剖面图

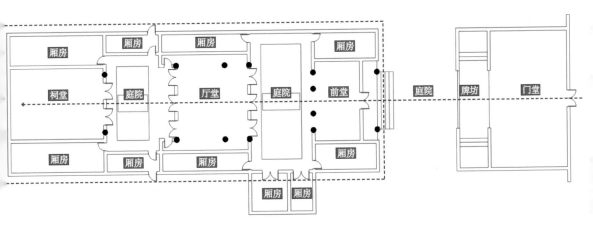

图 4-34 崇林世居主体平面图

图 4-35 崇林世居山水格局

崇林世居采用了大量传统装饰方法，除彩绘、石刻、木雕之外，还有灰塑、砖雕、瓷嵌等多种工艺。这些装饰寓意丰富，有的意在辟邪驱煞，有的意在祈福去灾，有的则宣扬仁义廉耻。如牌坊顶端正脊处有瓷嵌书卷葫芦，寓意族人能读书中式。而下面的瓷嵌金鸡凤凰则意在祈求家族富贵吉祥。厅堂内墙檩条下布满了彩绘，主题多为成语故事或者花木鸟兽，也有一些地方题有诗词（图4-36）。厅堂之后是祠堂（图4-37），这是族人祭祀先祖以及讨论事情的地方，外围是各族人私人住宅，最外侧是高墙围筑，厅堂及祠堂的牌匾上题有"本支百世""佑豫后人"等祈求家族兴盛的吉祥文字。叶氏一族在盐商叶文昭一代开始走向繁盛，族人骤增以至于不得不搬出部分另选新址建居，如茂林世居及琼林世居等等，由此以崇林世居为中心，形成了一个庞大的宗族聚落。

图4-36　崇林世居厅堂　　　　图4-37　崇林世居祠堂

（二）许　地

许地坐落在古广州府城中轴线上，高第街内，是清朝大盐商许拜庭宅居（图4-38）。明清时期广州是两广盐最大的集散地，处于东江、北江、西江三江汇聚之处，漕运十分便捷，而珠江口一带曲折的海岸线提供了大量可供制盐的区域，盐产俱汇聚至广州东汇关发配，称"省配"。而许地就处于"省配"中心，且靠近珠江一侧，地理位置十分优越（图4-39）。

图4-38　许地

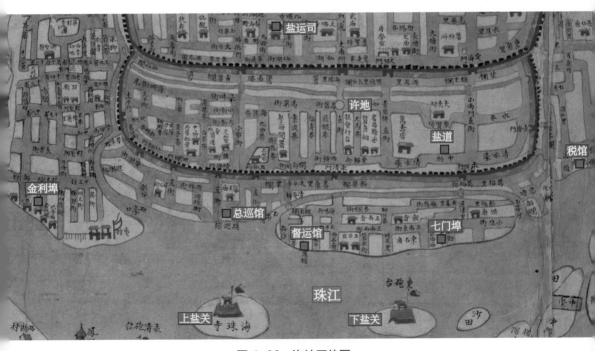

图4-39　许地区位图

经营盐业发家致富之后，许氏家族逐渐兴旺，出现了许多著名人物：有抗英功臣许祥光、礼部尚书许应骙（图4-40），民国时期粤军总司令许崇智、辛亥革命元老许崇灏、"红色英烈"许卓、著名教育家许崇清、中华女杰许广平等等（图4-41）。家族的兴盛也让许地异常繁荣，许地前后经历了多次扩建，但依旧拥挤不堪，在家族宅居原址上每个小方格居住一户许氏后裔，兴盛时期的许地足足有九十二格，各宅之间只有仅限一人通过的窄巷弄（图4-42）。

图4-40　许应骙故宅

图4-41　许广平故宅

图 4-42 许地巷道

　　许氏家族以"宅"为基本单元划分族人,各宅以数字命名,如五宅、十宅等,许应骙属于十宅,许广平属于七宅,许崇智属于六宅。许地全屋五进深,三十六边阔。每宅均有天井,天井中种植一至两棵树。许氏家庙位于东部中心,坐北朝南,靠近高第街,还有戏台。如今由于多次改扩建,许地显得拥挤凌乱,尽管依旧有许多人生活于此,但大部分已是租客,亦有一些房间被用作仓库。

　　四、粤东盐商宅居与赣南、闽西建筑的联系

　　粤东、赣南及闽西三地均分布有较多客家围屋,粤东及赣南以方形及方形加半圆形为主,闽西则有圆形围合式土楼,三者均以祠堂为中心,族人聚居。建筑的其他方面也有许多相似性。粤东地区盐商营建的宅居受潮汕建筑文化的影响较为明显。潮州老城内的民居都有彩色国画石雕作为凹门斗的建筑装饰，题材以民间神话、戏剧故事为主（图4-43），而在丰顺建桥围内的栽兰室凹门斗上也依旧可以辨认出彩色国画石雕（图4-44）。靠近粤东区域的崇林世居内，除了室外墙壁，几乎所有墙壁都有彩色国画，或作石雕，或绘于墙表（图4-45），梅州松口古镇承德楼的彩绘同样精美（图4-46）。

图4-43　潮州民居凹门斗上的彩色国画石雕

图 4-44 丰顺建桥围栽兰室彩色国画石雕

图 4-45 崇林世居彩色国画石雕

图 4-46 松口古镇承德楼彩绘

　　至清代，潮州著名的金漆木雕技艺发展成熟，在门楼藻井、府宅宗祠上得到大量运用。以此为代表的潮州文化跟随着潮盐在粤闽赣交界区域传播，受此影响，粤东、赣南、闽西地区许多盐商宅居在营建时都融入了潮州木雕技艺。

　　潮州木雕最大的一个特点就是在精雕细刻之后往往会贴上金箔，不仅工艺精巧，还能给人带来视觉感官上的极致享受。粤东地区的潮州、汕头华里村，东江河道上的崇林世居，梅州的松口古镇，闽西汀州府以及赣南上犹县等地，都出现了类似工艺手法的精美木雕成品（图4-47—图4-50）。

图4-47　潮州金漆木雕"龙穿花"建筑构件

图4-48　汕头华里村丁氏宗祠前座横梁

图4-49　崇林世居木雕枋

图 4-50　松口古镇承德楼木雕

　　潮汕地区近海，易受强台风及降雨影响，因此潮州古城区的房子均较低矮，同时压低屋檐，再在瓦上压石以御台风。潮州一带民居具有特殊的五行山墙样式，作为粤东潮盐的配运中心，潮州的五行山墙也影响着粤东一带，其中金式山墙寓意财运亨通，依靠经商发家的盐商在营建宅居时多用此种样式，丰顺县建桥围、松口镇承德楼等俱为此类（图 4-51—图 4-55）。

注：属于五行山墙水式，顶部曲线由三五条弧线组成，较宽扁，像水波纹
　　一般。

图 4-51　潮州五行山墙

注：属于五行山墙金式，山墙顶端高起大弧线。

图 4-52　华里村山墙

注：属于五行山墙木式，顶端曲线为反弧线，两侧形成尖角。

图 4-53　建桥围山墙

注：属于五行山墙木式，顶端曲线为反弧线，两侧形成尖角。

图 4-54　汕头古民居山墙

注：属于五行山墙水式变体，顶部曲线由三到五条弧线组成，顶端曲线
　　中间弧线更宽，像拉长的水式造型。

图 4-55　松口镇承德楼山墙

第四节

祭祀建筑

一、祭祀建筑的类型

在盐业生产运输中，从事盐业活动的人员出于祈福目的而有祭祀需要。就两广盐区来看，盐业祭祀活动出现在海盐产运的每个环节，祭祀建筑也随之广泛分布。其中，产盐聚落有关帝庙、天后宫等，运盐聚落有天后宫、龙母庙等。

产盐聚落的祭祀建筑一般位于场署附近，离海较远，处于产盐聚落中较重要的位置；运盐聚落的祭祀建筑多靠近盐运河道及盐运码头，一来所祭神灵均为海神，与水相关，二来也便于盐业从事者就近祭祀，祈求运路一帆风顺。

除了庙宇建筑，还有一类祭祀建筑便是盐商的家族祠堂。

二、祭祀建筑的特点

相比较而言，盐商家族祠堂一般位于家族聚居地，用以祈求家族事业顺利及人丁兴旺，形制较为简单；盐业相关庙宇主要分布在产盐聚落与运盐聚落，为盐商、盐工等盐业活动者祭祀祈福所用。盐业庙宇的形制更为复杂。

盐商靠盐吃饭，为祈求盐业活动顺利，他们通常将关羽奉为行业保护神，因此一般在产盐聚落及运盐聚落都分布有关帝庙，例如小淡水场（图4-56）和石桥场（图4-57）。

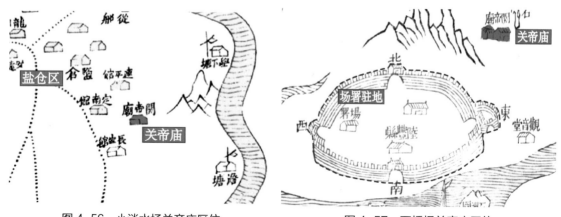

图 4-56　小淡水场关帝庙区位　　　　　图 4-57　石桥场关帝庙区位

　　除关帝庙外，天后宫也是一类重要的祭祀建筑。据南宋《临汀志》记载："三圣妃宫，在长汀县南富文坊……嘉熙间创。今州县吏运盐纲必祷焉。"这里所说的三圣妃宫，始建于南宋嘉熙年间，以妈祖为主神，明代改称"天妃宫"，清雍正年间改为"天后宫"，今位于长汀县城东大街。盐业人员经常往来于汀州（今长汀）、潮州之间，他们在潮州了解到妈祖作为海上航运保护神有祷必应的传说，考虑自己在运盐中经常遇到的不测风云，便自然而然地接受了妈祖信仰，并且产生了在汀州自建一庙以求妈祖庇护的愿望，于是便有了今长汀的妈祖庙。或许是因为他们在潮州接触的更多是三圣妃庙，所以新建庙依然采用与三妃合祀的形式，称为三圣妃宫，也可能是从作为模仿对象的潮州某座三圣妃庙分香或分灵至新庙奉祀。长汀三圣妃宫，是古代汀州、潮州文化与经济交流的产物。①

　　潮州天后宫位于广济桥附近，桥边曾设有税馆收取盐税，粤东潮盐历史上就是由此配运，沿韩江北上运输。这座天后宫也是粤东一座较大的天后宫，正面有一座石鼎供香（图 4-58），

---

①　林国平、王志宇：《闽台神灵与社会》，厦门大学出版社，2010年，第 87 页。

人由两侧石台基拾级而上，正面中部有两根石刻龙纹柱（图4-59），承托上方合彩绘及金漆木雕于一身的木枋及伸出的木梁，枋上立金漆木雕短柱支撑屋顶前沿，短柱之间饰以花卉及群体人物木雕，细致生动，栩栩如生（图4-60）。天后宫整体两进，中间有小天井，形制紧凑，主体建筑屋顶形制为重檐歇山顶（图4-61），为后期修缮，门座屋顶也做歇山顶。正脊瓷嵌双龙戏珠，垂脊与正脊相交处作瓷嵌神话人物，样式精美，垂脊末端弧线较高，反宇向阳，饰以瓷嵌花卉。建筑内部空间紧凑，主体空间梁架下施以小方格平闇。

图4-58　潮州广济桥天后宫正面

图4-59　潮州广济桥天后宫石刻龙纹柱

图4-60　潮州广济桥天后宫木雕枋梁构件

图4-61　潮州广济桥天后宫立面

　　韶关市仁化县位于浈江支流锦江边，是两广盐区在粤北的一个重要分埠（图4-62）。盐运船只沿省河经北江至韶关，转入浈江后再进入锦江即可到达仁化埠。龙母庙位于仁化古城边，靠近锦江河道（图4-63），同时在河道不远处有一个盐运码头（图4-64）。笔直与居住于老城区内的罗姓老人交谈得知，锦江边原来有许多码头分布，后围堤筑坝时被拆毁，仅龙母庙前的这一个保留了下来，并经过了重新修建，码头上仍有"水母娘神位""石古大王尊神位"的祭祀台（图4-65）。

图 4-62 仁化县老城区

图 4-63 仁化古城区龙母庙

图 4-64 仁化龙母庙前的盐运码头

图 4-65 仁化龙母庙前盐运码头上的祭祀台

三、代表性祭祀建筑分析

汕头市华里村丁氏一族自明正德年间从潮州迁徙而来，始祖丁松岸以盐业生产维持家族生活，开创了华里村。后来华里村及附近区域被设为招收场，至清雍正年间，招收场被分拆为东西两场，西场场址即位于今华里村。随着盐场扩大，盐业生产趋于繁荣，丁氏家族逐渐积累起巨额财富，富甲一方。

丁氏宗祠始建于明嘉靖年间，在始祖丁松岸去世后，由其后人营建。宗祠的建设还有一段来历，传说嘉靖皇帝染病，太医用尽药方却并未痊愈，后偶然间食用丁氏家族用煮盐法制取的贡品金丝盐后痊愈，皇帝欲宣丁松岸进京晋封，奈何丁公故去，于是在其去世后追赐"报追堂"牌匾，并从国库中拨银资助修建丁氏宗祠。

宗祠位于华里村中心位置，面向一个大池塘。丁氏祠堂整体为三进两院落形制，轴线对称，由正门往后依次为前厅、内厅、拜殿及官厅（图 4-66、图 4-67）。山墙面为典型的潮州五行山墙中的木式，山墙顶端为反弧线，两侧形成尖角，屋脊脊饰已损毁，檐口滴水以花纹装饰，细节精美绝伦（图 4-68）。石柱承托四根伸出的大石梁，石梁上搁置带有精细木雕的木梁及斗子蜀柱等构件（图 4-69），石梁下方也置有一根雕刻人物的木梁，形象栩栩如生。室内梁上有彩绘及木雕装饰，梁上斗子蜀柱也有花纹状雕饰（图 4-70）。柱多为石柱，上承托木梁，木梁及以上木构件均有木雕或彩绘装饰，由于时日久远，有些已斑驳，却依然难掩构件的精美。拜殿为方形，突出于第二进院落中，拜殿屋架下方置有四块牌匾，上书"广东中营守将""江苏巡抚部院""钦点状元"及"文魁"等字样，皆是族人自强不息的体现。官厅内置御赐"报追堂"牌匾，作为祭祀先祖的空间（图 4-71）。

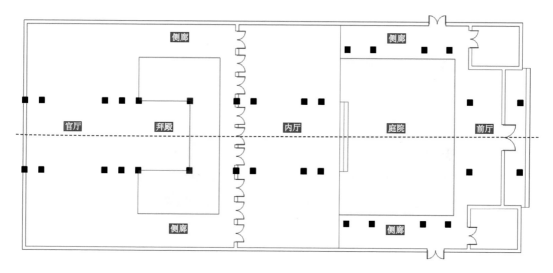

图 4-66 汕头华里村丁氏宗祠平面图

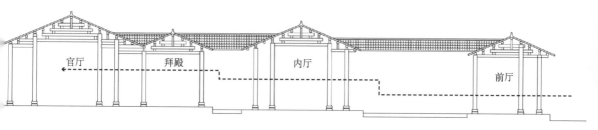

图 4-67 汕头华里村丁氏宗祠剖面图

图 4-68　汕头华里村滴水纹饰

图 4-69　汕头华里村梁上彩绘

A. 丁氏宗祠前座横梁上的彩绘雕饰

B. 丁氏宗祠梁架上的精美木雕

图 4-70　汕头华里村丁氏宗祠梁架上的精美木雕

A. 正门

B. 中院

C. 拜殿

D. 檐口

图 4-71 汕头华里村丁氏宗祠组图

第五章

两广盐运分区与建筑文化分区

　　盐是人们日常生活的必需品，但盐业资源在我国的分布具有不平衡性。为了控制盐业资源的分配，我国历史上的封建王朝对盐业实行了长达两千余年的专营制度，在此期间还不断对之进行强化和完善。盐区制度是封建王朝强化盐业专营的一项重要举措。清代的两广盐区地处中国的南大门，是当时全国各大盐区中海岸线最为绵长的，拥有丰富的盐业资源；两广海盐行销七省，但因为历史、经济、地理等各方面因素，两广盐区的盐法制度成熟非常晚，导致两广盐业的发达程度不及其他盐区，这是两广盐区的特点。

　　盐区不仅仅是一个盐业经济区，长期的盐业活动也促进了同一盐区内部聚落与建筑文化的交流和融合。人是文化的传播者，是文化的移动载体，人类的生产生活活动和迁徙都会促进文化的传播与交流。在盐业生产和运销活动中，不同地区的盐商、盐工等盐业从业者代表了不同地区的文化，他们从事盐业活动并在盐运古道上传播着这些文化，其中自然也包括建筑文化。从建筑类型、建筑平面布局与功能分区、建筑材料和装饰工艺等方面，能明显看出不同盐区聚落与建筑的差异性。

　　盐业利润一般比较高，盐税是历代封建王朝的主要税种，盐商经营得当，往往会积聚起大量的资本。这些资本在随着盐运古道流动时，其中的一部分在盐运聚落中沉淀下来，以盐业建筑的形式存留于后世。明清时期，粤盐沿着西江入桂，广东盐商即将粤东会馆、广州会馆以及关帝庙等建筑形式带入了广西许多地区，对西江沿线的建筑文化影响深刻。

　　又如粤东、闽西、赣南地区，三地分属三省，但是它们自古山水相连，民风相近。宋代之前，三地还未形成系统的区域市场，仅仅依靠相邻的自然地理条件进行简单的商品交易。宋代时，南方经济快速发展，海上贸易逐渐兴盛，位于韩江出海口的潮州由此发展起来，并带动韩江流域整体发展，促进了粤东、闽西、赣南三地的经济文化交流。元代，闽、粤、赣开始大规模修通商路，建造驿站，三边商道逐渐趋于网络化，经济文化交流进一步发展。明清时期，以韩江为骨干通道的"盐上米下"贸易形式巩固了粤东、闽西、赣南经济区格局。此区域内商品经济的互动发展，也带动了三地的文化交流融合，三地聚落与建筑文化具有较高的相似性。这一相似性跨越了行政区划（分属三省），突破了地理局限（武夷山脉贯穿三地），这正体现了人类活动的重要性。

不仅盐区之间存在明显的聚落与建筑文化差异，即使在盐区内部，由于次级盐运分区的存在，在这些分区之间也存在聚落与建筑文化的差异。就两广盐区来看，改埠归纲后两广盐区被划分为六柜分区和潮桥盐运分区，因此两广盐区就存在七个次级分区。将两广行盐区域图（图2-1）与两广传统民居分区图（图5-1）进行对比可以发现，二者之间有较大的相似性：粤东民居分区与潮桥盐运分区和东柜盐运分区重合，粤北民居分区与北柜盐运分区重合，广府民居分区与中柜盐运分区重合，粤西民居分区与南柜盐运分区重合，平柜盐运分区内部存在桂东南民居分区和桂西民居分区，西柜盐运分区则存在桂西民居分区、桂中民居分区、桂东民居分区和桂北民居分区。这是因为在西柜盐运分区内，桂西处于云贵高原东南端，桂北有天平山、越城岭、海洋山围绕，桂中则为桂中盆地，地理环境差异较大；而在盐运方面，桂北以桂江—灵渠—湘江为盐运河道，桂中以黔江—柳江为盐运河道，桂西以黔江—红水河及郁江—邕江为盐运河道。这两方面因素共同作用，使得西柜、平柜盐运分区的民居分区更为细致一些，也存在少许差异。但从总体上看，盐运分区与建筑文化分区之间存在较大的共性是可以肯定的。这提示我们，两广盐运古道不仅是两广海盐及其他物资的运输通道，更是沿线聚落与建筑文化传播交流的通道，是华南地区重要的文化线路。每一滴水由山川流入河道最终汇入大海，每一颗盐由大海顺着河道又回到了内陆深处。两广盐运古道上的聚落既是本地文化的输出者，也是外来文化的接受者，它们相互影响，共同发展，使得这条文化线路愈发精彩。

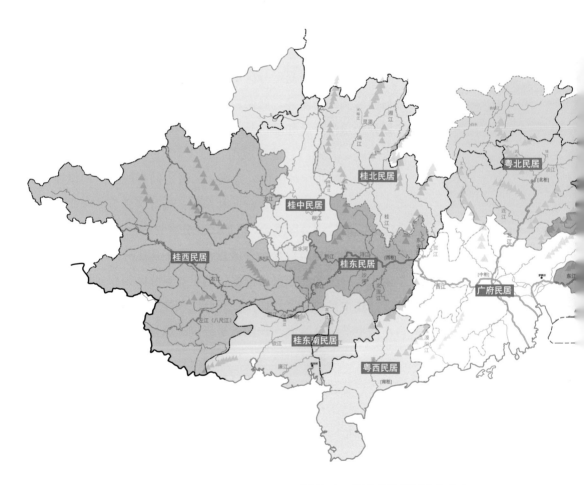

图 5-1 两广传统民居分区示意

　　时至今日，城市化快速发展，许多传统聚落与建筑正在逐渐消失。笔者在实地调研过程中看到，不少具有悠久历史的传统聚落与建筑已被完全拆毁，或被严重损坏，令人十分痛心，而剩下的一些也大都无人维护，任凭风雨侵袭，杂草丛生，亦恐难以久存。这些传统聚落与建筑正是两广盐运古道文化的物质载体，保护两广盐运古道所承载的文化，必须从保护这些聚落与建筑入手。借助本书的出版，希望有更多的人来关注和研究两广盐业史，使两广盐运古道这条华南地区的重要文化线路得到更为有效的保护。

附录

两广盐区部分盐业聚落图表^①

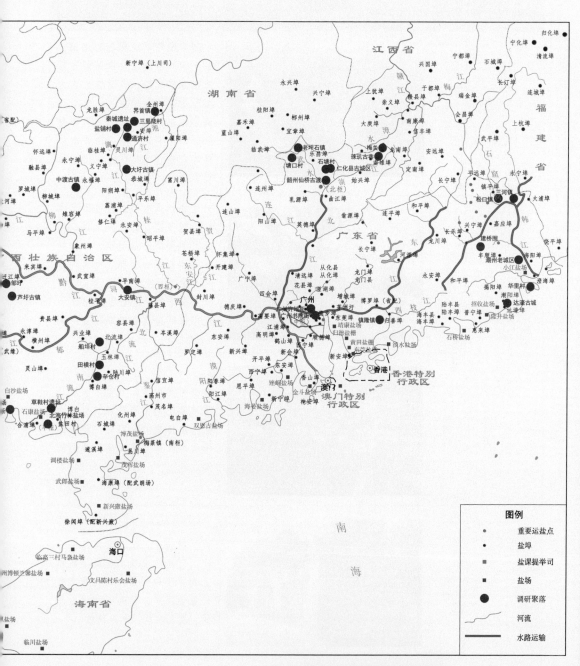

两广盐区部分调研聚落位置示意图

<h2 style="text-align:center">两广盐区部分盐业聚落表</h2>

所在地区	所属市/县	聚落名称	聚落照片	聚落简介
桂北地区	鹿寨县	中渡古镇		中渡古镇位于鹿寨县西北角，属于运盐古镇。古镇保留大量清中期建筑群，古建筑大都为木质构架，青砖灰瓦。整个古镇分为东西南北四街，现存粤东会馆、中渡武庙、钟秀杰故居等众多古建筑。临江仍存榕荫古渡供来往的客船停泊
	兴安县	三里陡村		三里陡村是由漓江经灵渠至湘江运输线路上的重要节点，由此可将两广海盐运至湘江，并最终运抵湖南南部。村内现存古灵渠运河段，还曾有大盐仓，兴安县博物馆馆藏有2002年于此出土的清乾隆时期称盐所用石秤砣
		盐铺村		盐铺村是由漓江灵渠至湘江运输线路上的重要节点，位于大榕江与灵渠的交汇处，建有盐埠码头，曾是重要的区域商品集散地
		通济村		通济村位于灵渠与大榕江汇合处，近秦城遗址，是灵渠航道上的重要中转点。村内散布着大量古民居，鹅卵石和泥做墙面，灰瓦木构，十分精致

所在地区	所属市/县	聚落名称	聚落照片	聚落简介
桂南地区	南宁市	芦圩古镇		芦圩古镇位于今宾阳县城内，为重要的运盐古镇。芦圩古镇建筑群落仍保持着古色古香的模样，寺庙、祠堂星罗棋布，沿南街主轴展开。南街通过古南桥与城区连接，并以桥的延伸线为轴线，建筑呈带状分布，主街两旁民居以三进为主
		邹圩镇		邹圩镇位于宾阳县北部，西南和北面分别与上林及来宾市交界，坐落于红水河支流清水河畔，为重要的运盐古镇。古镇古风古韵较浓厚，古建筑群均为青砖灰瓦，木质构架，河畔有古渡口及阅龙台
		三江坡村		三江坡村处于左江、右江和邕江的汇合处，又俗称宋村，它依水而建，因水而兴。三江坡村有着优越的地理位置，是重要的食盐转运古镇。三江坡村内有大量古民居建筑，整个聚落基本建成于明末清初，建筑均为青砖灰瓦，排布错落有致，规模宏大。村内现保存有皇姑坟、汉城遗址等文物保护单位
		扬美古镇		扬美古镇位于南宁市的西南部，繁荣于明末清初，至今已有上千年的历史，是食盐运至南宁府、太平府的重要转运点。古镇内明清时期的古街、古巷、古祠、古庙、古宅、古树、古闸门、古码头仍然保留完好

135

（续表）

所在地区	所属市/县	聚落名称	聚落照片	聚落简介
桂南地区	钦州市	盐埠街		钦州位于北部湾沿海，靠近古白石西场，是典型的因盐而生的聚落。钦州盐埠街临近钦江，整个街区现存一排排古盐仓与许多码头遗址。盐仓建筑较低矮，青砖灰瓦，室内有木构将地面抬高防潮
		犀牛脚盐场		犀牛脚盐场位于钦州南部沿海，清属白石西场管辖，现今仍旧产盐，仍有大片方方正正的盐田，每隔一定距离便有一处盐仓以供盐的存放
	北海市	竹林盐场		北海竹林盐场清时属白石西场管辖，现今仍旧产盐，留有大量盐田、盐仓以及盐工生活起居的场所
	玉林市	船埠村		船埠村位于南流江与车陂江交汇处，是白石盐场将食盐运往西江的重要转运点。船埠村内现存玉林州商会船埠分会遗址、船埠盐务局遗址、码头遗迹、护龙庙等，古建筑均为青砖灰瓦，船埠盐务局遗址为标准的三进合院形制，有精美的石雕、木雕作品

（续表）

所在地区	所属市/县	聚落名称	聚落照片	聚落简介
桂东地区	贵港市	大安镇		大安镇北依浔江，旧称大乌圩，始设于明朝末期，距今已有400多年历史，是重要的运盐古镇。大安古镇历史悠久，古迹众多，沿河分布有广西最大的古建筑群。文物保护单位有大安石桥、列圣官、粤东会馆、码头等
粤北地区	南雄市	梅关古道		梅关位于江西大余县和广东南雄市交界处，关楼一边是江西一边是广东。梅关古道是岭南地区跨越大庾岭与中原进行物资交换的重要陆运通道，清代两广海盐亦由此运销至江西南部地区
		珠玑古镇		珠玑古镇位于粤北，是南雄到梅关必经之处，也是重要的食盐转运点。镇内珠玑古巷建筑保存完好，有众多祠堂分布其中，基本都为标准的三进合院形制
	乐昌市	坪石镇		坪石镇位于广东与湖南交界处，地处岭南山脉南麓、武江的上游，是两广海盐进入湖南南部的重要中转点。由于地处广东、湖南、江西三省交界的三角地带，在历史上，坪石镇曾是三省之间最重要的商品集散地之一，清代在此设有盐院管盐业。曾有上、中、下三条街，中街为盐店街，如今大部分建筑已被拆除，仅有部分旧盐铺保存下来，河边留有老码头遗迹

（续表）

所在地区	所属市/县	聚落名称	聚落照片	聚落简介
粤北地区	乐昌市	塘口村		塘口村是将两广海盐从坪石镇沿武江上游北运至湖南宜章、临武的水路必经之地。塘口村保留着大量精美的古建筑，青砖灰瓦，青石板街。沿江边还有许多码头遗迹
	仁化县	仁化古城区		仁化县隶属于广东省韶关市，地处南岭山脉南麓，古城区靠近锦江，江边保留有众多古码头。老城区内保存了大量古建筑，古街巷的肌理仍旧完好，锦江边有龙母庙
珠江口地区	惠州市	崇林世居		崇林世居是大盐商叶文昭的家宅，位于惠州市惠阳区镇隆镇大光村，距今有两百余年历史。它依山而建，前低后高，建筑采用了大量的石刻、石雕、木刻、木雕、灰塑、瓷嵌、砖雕、壁画等传统技艺，整体显得十分古朴、典雅
	广州市	许地		许地位于广州市内高第街北侧，是原广东大盐商许拜庭族人的居住地。许地内仍为青石板街，古建筑群落青砖灰瓦，保存有清礼部尚书许应骙故居、许广平故居、红军名将许卓故居等大量保护建筑

所在地区	所属市/县	聚落名称	聚落照片	聚落简介
珠江口地区	广州市	书院街		书院街位于广州市内，在清代越秀书院之南，也是清朝科举的考场所在地。越秀书院修建时募集的资金中有很大部分来自当时的盐商和盐务机构。书院建筑大都相当精美，泥塑、石雕、木雕细节十分丰富
粤东地区	潮州市	老城区		潮州近海，有韩江贯通，是粤东盐运线路上的重要枢纽，由此可将潮盐运至福建西南部及江西南部。古城区内民居建筑整体层高较低，夯土抹灰墙体
	丰顺县	建桥围		建桥围为盐商宅居，处于旧时连接省城、潮州和嘉应州城的官道之上。其平面近长方形，建筑群落体量庞大，能容纳族人近千，东南西北各辟一扇大门，内部方格网状的街巷可通向各处
	大埔县	三河镇		三河镇位于粤东地区，大埔县西部，自古水运便捷，是两广盐运线路上的重要枢纽。三河镇依山傍水，处于梅江、汀江、韩江三江交汇处，镇中散落着百十处古建筑，青砖灰瓦，错落有致

所在地区	所属市/县	聚落名称	聚落照片	聚落简介
粤东地区	梅州市	松口镇		松口镇是连接潮州与梅州的重要盐运码头，同时还是将两广海盐运至江西的重要中转点。现存大量围龙屋和水运码头，李姓盐商曾于松口建造有十座庞大的围龙屋
	汕头市	华里村		华里村滨海，是古时金西盐场所在地，两广海盐的重要产地。旧盐场处现存金西古桥。村落内仍有百来处明清古建筑，祠堂内仍保留有精美的泥塑、石雕、木雕作品
		汕头古城		汕头位于韩江的入海口，是粤东重要的产盐地，招收盐场设于城北。汕头城区的达濠古城是古时招收场的政治、经济管理中心

参考文献

专著

[01] 赵逵．川盐古道：文化线路视野中的聚落与建筑 [M]．南京：东南大学出版社，2008.

[02] 赵逵．历史尘埃下的川盐古道 [M]．上海：东方出版中心，2016.

[03] 赵逵，张晓莉．中国古代盐道 [M]．成都：西南交通大学出版社，2019.

[04] 赵逵，邵岚．山陕会馆与关帝庙 [M]．上海：东方出版中心，2015.

[05] 赵逵，白梅．福建会馆与天后宫 [M]．南京：东南大学出版社，2019.

[06] 刘坤一，何兆瀛．《两广盐法志》[M]．道光刻本．出版地不详：出版者不详，1884.

[07] 阮元，伍长华．《两广盐法志》[M]．道光刻本．广州：广文堂，1836.

[08] 周去非．岭外代答 [M]，上海：商务印书馆，1936.

[09] 周琍．清代广东盐业与地方社会 [M]．北京：中国社会科学出版社，2008.

[10] 郭正忠．中国盐业史 [M]．北京：人民出版社，1997.

[11] 陆琦．广东民居 [M]．北京：中国建筑工业出版社，2008.

[12] 雷翔．广西民居 [M]．北京：中国建筑工业出版社，2009.

[13] 李晓峰，谭刚毅．两湖民居 [M]．北京：中国建筑工业出版社，2009.

[14] 李百浩，李晓峰．湖北传统民居 [M]．北京：中国建筑工业出版社，2006.

[15] 陈志华，李秋香．中国乡土建筑初探 [M]．北京：清华大学出版社，2012.

[16] 陆元鼎，杨谷生 . 中国民居建筑 [M]. 广州：华南理工大学出版社，2003.

[17] 曾仰丰 . 中国盐政史 [M]. 上海：商务印书馆，1936.

学位论文

[01] 刘乐 . 川盐古道鄂西北段沿线上的聚落与建筑研究 [D]. 武汉：华中科技大学，2017.

[02] 张晓莉 . 淮盐运输沿线上的聚落与建筑研究——以清四省行盐图为蓝本 [D]. 武汉：华中科技大学，2018.

[03] 张颖慧 . 淮北盐运视野下的聚落与建筑研究 [D]. 武汉：华中科技大学，2020.

[04] 肖东升 . 两浙盐运视野下的聚落与建筑研究 [D]. 武汉：华中科技大学，2020.

[05] 匡杰 . 两广盐运古道上的聚落与建筑研究 [D]. 武汉：华中科技大学，2020.

[06] 郭思敏 . 山东盐运视野下的聚落与建筑研究 [D]. 武汉：华中科技大学，2020.

[07] 王特 . 长芦盐运视野下的聚落与建筑研究 [D]. 武汉：华中科技大学，2020.

[08] 陈创 . 河东盐运视野下的陕、晋、豫三省聚落与建筑演变发展研究 [D]. 武汉：华中科技大学，2020.

[09] 黄博聪 . 广东雷州地区与潮汕地区民居特征比较研究 [D]. 广州：华南理工大学，2016.

[10] 张莎玮 . 广府地区传统村落空间模式研究 [D]. 广州：华南理工大学，2018.

[11] 黄优 . 清代广西食盐运销探析 [D]. 桂林：广西师范大学，2008.

[12] 孙明. 清朝前期盐政与盐商 [D]. 长春：东北师范大学，2012.

[13] 鲍俊林. 明清江苏沿海盐作地理与人地关系变迁 [D]. 上海：复旦大学，2014.

[14] 赖彩虹. 清代两广盐法改革探析 [D]. 武汉：华中师范大学，2008.

[15] 潘灯. 抗战时期广东国统区的食盐运销研究（1937—1945）[D]. 广州：暨南大学，2010.

[16] 黄浩. 赣闽粤客家围屋的比较研究 [D]. 长沙：湖南大学，2013.

[17] 王森华. 广西桂北地区荒废化传统民居建筑更新改造设计研究——以门等村荒废化传统民居更新改造为例 [D]. 西安：西安建筑科技大学，2018.

[18] 黄巧云. 广州西关大屋民居研究 [D]. 广州：华南理工大学，2016.

[19] 陈峭苇. 桂东南客家民居的自组织演化研究 [D]. 广州：华南理工大学，2017.

[20] 孙明. 清朝前期盐政与盐商 [D]. 长春：东北师范大学，2012.

[21] 黄玥. 广西粤东会馆建筑美学研究 [D]. 南宁：广西大学，2018.

[22] 杨星星. 清代归善县客家围屋研究 [D]. 广州：华南理工大学，2011.

[23] 林少峰. 潮汕传统民居山墙及厝角头造型研究 [D]. 广州：暨南大学，2016.

[24] 王东. 明清广州府传统村落审美文化研究 [D]. 广州：华南理工大学，2017.

期刊、会议论文

[01] 赵逵，杨雪松．川盐古道与盐业古镇的历史研究 [J]．盐业史研究，2007(2)．

[02] 赵逵，张钰，杨雪松．川盐文化线路与传统聚落 [J]．规划师，2007(11)．

[03] 杨雪松，赵逵．"川盐古道"文化线路的特征解析 [J]．华中建筑，2008(10)．

[04] 杨雪松，赵逵．潜在的文化线路——"川盐古道" [J]．华中建筑，2009，27(3)．

[05] 赵逵，桂宇晖，杜海．试论川盐古道 [J]．盐业史研究，2014(3)．

[06] 赵逵．川盐古道上的传统民居 [J]．中国三峡，2014(10)．

[07] 赵逵．川盐古道上的传统聚落 [J]．中国三峡，2014(10)．

[08] 赵逵．川盐古道上的盐业会馆 [J]．中国三峡，2014(10)．

[09] 赵逵．川盐古道的形成与线路分布 [J]．中国三峡，2014(10)．

[10] 赵逵，张晓莉．江苏盐城安丰古镇 [J]．城市规划，2015，39(12)．

[11] 赵逵，张晓莉．江苏盐城富安古镇 [J]．城市规划，2017，41(6)．

[12] 赵逵，张晓莉．江西抚州浒湾古镇 [J]．城市规划，2017，41(10)．

[13] 赵逵，刘乐，肖铭．湖北房县军店老街 [J]．城市规划，2018，42(1)．

[14] 赵逵，张晓莉．淮盐运输线路及沿线城镇聚落研究 [J]．华中师范大学学报：自然科学版，2019，53(3)．

[15] 赵逵，王特．长芦盐运线路上的聚落与建筑研究 [J]．智能
建筑与智慧城市，2019(11)．

[16] 赵逵，白梅．安徽省六安市毛坦厂古镇 [J]．城市规划，
2020，44(1)．

[17] 赵逵，程家璇．江西省九江市永修县吴城古镇 [J]．城市规
划，2021，45(9)．

[18] 佐伯富，夏宏钟．中国盐政史研究 [J]．盐业史研究，
1990(3)．

[19] 郑勇．玉林的船埠盐运 [J]．盐业史研究，1998(4)．

[20] 左攀，唐仁郭．"包盐抵饷"与清末两广政局 [J]．盐业史
研究，2017(2)．

[21] 刘利平．《两广盐利疏》考 [J]．古代文明，2015(4)．

[22] 李晓龙．从生产场所到基层单位：清代广东盐场基层管理
探析 [J]．盐业史研究，2016(1)．

[23] 周琍．清代赣闽粤边区盐粮流通与市镇的发展 [J]．历史档
案，2008(3)．

[24] 王小荷．清代两广盐商及其特点 [J]．盐业史研究，
1986(1)．

[25] 黄国信．藩王时期的两广盐商 [J]．盐业史研究，1999(1)．

[26] 段雪玉．道咸时期的两广盐政——以清代广东衙门档案为
中心 [J]．历史档案，2011(2)．

[27] 丁琼．清代粤盐销滇研究 [J]．四川理工学院学报：社会科
学版，2012(1)．

[28] 陈萍，邓禅娟．东莞古代盐业与沿海城镇的兴起 [J]．盐业
史研究，2010(4)．

[29] 黄国信．从清代食盐贸易中的官商关系看传统市场形成机
制 [J]．扬州大学学报：人文社会科学版，2018，22(1)．

[30] 李晓龙. 康乾时期东莞县"盐入粮丁"与州县盐政的运作 [J]. 清史研究，2015(3).

[31] 周琍. 清代客家盐商与宗族建设 [J]. 江西社会科学，2008(2).

[32] 宋全昌，李青青. 从"潇贺古道"区域民居形态的多样性论建筑的设计选择与适应性 [J]. 美与时代：城市版，2018(11).

[33] 李晓龙. 承旧启新：洪武年间广东盐课提举司盐场制度的建立 [J]. 中国经济史研究，2016(3).

[34] 李晓龙. 环境变迁与盐场生计——以明中后期广东珠江口归德、靖康盐场为例 [J]. 中国社会经济史研究，2015(2).

[35] 余永哲. 明代广东盐业生产和盐课折银 [J]. 中国社会经济史研究，1992(1).

[36] 周琍. 清代广东盐课收入在地方政务中的流向分析 [J]. 赣南师范学院学报，2006(5).

[37] 黄国信. 清代两广盐法"改埠归纲"缘由考 [J]. 盐业史研究，1997(2).